编者的话

本练习册随同教材一并删掉其中个别偏难内容，使修改后的练习册内容更好地为同学服务、为教学服务。

本练习册中所选编的题都是按教学大纲所要求必须完成的教学任务和应达到的教学目的而应知应会的内容，并继课堂教学之后，再次突出、强调、深化，从而具体地教给学生将其掌握；而学生在课后认真独立地完成练习内容是将课堂上所学到的知识进行再学习、再巩固、再运用，最终变成自己的知识，形成技能技巧，培养能力的过程。因此练习过程是整个教学过程不可缺少的重要组成部分。本练习册的内容编排是按教材章节顺序和课堂教学的课时分配计划，采用填空题、判断题、选择题、计算题和检验题等题型，共选编了700多题，全面覆盖了教学大纲所要求的教学内容。

本练习册可直接作练习本使用。

该练习册也可作为工人培训使用。

编者

2012年5月

U0401081

无机化学练习册

党信　苏红伟　编

班级______________

姓名______________

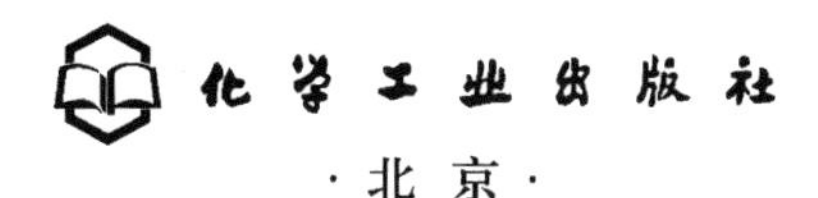

·北京·

目 录

第一章　化学基本概念和基本计算

第一节　无机物及其相互关系

一、填空题

1. 由________元素的原子组成的分子叫单质。

2. 由________元素的原子组成的分子叫化合物。

3. 在解离时生成的阳离子，除金属离子外，还有________离子的盐叫酸式盐。

4. 既能和________反应，又能和________反应，并都能生成________和________的氧化物叫两性氧化物。

5. 还有一种氧化物，既不能与酸反应，又不能与____反应，而且不能生成____，因此把这类氧化物叫不成盐氧化物。

二、判断题（正确的在题后括号内画“√”，错误的画“×”）

1. 能与酸反应，并生成盐和水的化合物叫碱性氧化物。（　　）

2. 凡解离时，生成的阴离子是氢氧根的盐叫碱式盐。（　　）

3. $CaO+H_2O = Ca(OH)_2$（　　）

$CuO+H_2O = Cu(OH)_2$（　　）

4. $Fe(OH)_2$ 叫氢氧化铁。（　　）

$Fe_2(SO_4)_3$ 叫硫酸铁。（　　）

$NaHCO_3$ 叫碳酸钠。（　　）

$Mg(OH)Cl$ 叫氯化碱式镁。（　　）

5. $Al_2O_3+3H_2SO_4 = Al_2(SO_4)_3+3H_2O$（　　）

$Al_2O_3+2NaOH \xlongequal{熔融} 2NaAlO_2+H_2O$（　　）

$Al_2O_3+6NaOH = 2Na_3AlO_3+3H_2O$（　　）

三、选择题（每题只有一个正确答案，将正确答案的序号填在题后的括号内）

1. $NH_3+CO_2+H_2O = NH_4HCO_3$ 的反应类型为（　　）。

① 化合反应　② 分解反应　③ 复分解反应　④ 氧化还原反应

2. 无机物分两大类（　　）。

① 酸和碱　② 氧化物和非氧化物　③ 单质和化合物　④ 金属与非金属化合物

3. $HClO_4$ 命名（　　）。

① 高氯酸　② 氯酸　③ 亚氯酸　④ 次氯酸

4. 硫酸铝钾的分子式（　　）。

① $KAlSO_4$　② $AlKSO_4$　③ $KAl(SO_4)_3$　④ $KAl(SO_4)_2$

5. $2KClO_3 \xlongequal{\triangle} 2KCl+3O_2\uparrow$ 反应类型（　　）。

① 氧化还原反应　　② 非氧化还原反应

四、完成下列问题

1. 写出下列反应式

① $AgNO_3 + NaCl =\!=\!=$

② $SO_3 + 2NaOH =\!=\!=$

③ $CuSO_4 + 2NaOH =\!=\!=$

④ $2NaHCO_3 \stackrel{\triangle}{=\!=\!=}$

⑤ $Mg(OH)_2 \xrightleftharpoons{解离}$

2. 命名或写分子式

分子式	$FeCl_2$		$KClO_3$
命名		碳酸氢钠	

第二节　物质的量及其单位

一、填空题

1. 物质的量单位符号________，单位名称________。

2. 使用摩尔时，必须指明物质的________。

3. 摩尔质量的符号是________，常用单位是________。

4. 1mol 水含有________个 H_2O 分子，含________个氧原子，含________个氢原子。

5. ________mol 的水含有的水分子数恰好等于 17g 氨含有的分子数。

二、判断题（正确的在题后括号内画"√"，错误的画"×"）

1. 1mol 氮气的质量是 28g。(　　)

2. 1mol 氢气的物质的量是 2g。(　　)

3. 氧气的摩尔质量是 32。(　　)

4. 氯化钠的摩尔质量 $M(NaCl) = 58.5g \cdot mol^{-1}$。(　　)

5. 1mol 氧气与 1mol 氢气都含有相同的分子数。(　　)

三、选择题（每题只有一个正确答案，将正确答案的序号填在题后的括号内）

1. H_2SO_4 的摩尔质量是（　　）。

① 49　② 49g　③ 98g　④ $98g \cdot mol^{-1}$

2. 44g CO_2 的物质的量是（　　）。

① 44g　② 44　③ 1　④ 1mol

3. 0.5mol 的 O_2 与（　　）g 的 N_2 含有相同的分子数。

① 14　② 2g　③ 0.5mol　④ 1mol

4. 0.5mol H_2O 分子含有的氢原子个数是（　　）。

① 2 个　② 3.011×10^{23} 个　③ 6.022×10^{23} 个　④ 9g

四、计算题

1.

物质的量	4mol $CuSO_4 \cdot 5H_2O$	
物质的质量		58.5kg NaCl

2. 已知 $2KClO_2 \xrightarrow[MnO_2]{\triangle} 2KCl + 3O_2\uparrow$，试计算在标准状态下制取 67.2L 氧气，需纯 $KClO_3$ 物质的量是多少？其质量又是多少？

第三节　气体摩尔体积

一、填空题

1. 在标准状态下，1mol 的任何气体所占有的体积约等于________。

2. 规定温度为________，压力为________时的状态叫标准状态。

3. 气体摩尔体积的符号为______，单位符号为______，单位名称为________。

4. 在同温、同压下，相同体积的任何气体都含有____________的分子数，这一结论叫________定律。

5. 在标准状态下，44.8L CO_2 气体的物质的量是________mol，其质量是________g。

二、判断题（正确的在题后括号内画“√”，错误的画“×”）

1. 在标准状态下，任何物质的摩尔体积都约等于 $22.4L \cdot mol^{-1}$。(　　)

2. 在标准状态下，16g O_2 与 0.5mol 的 CO_2 所含有的分子数相同。(　　)

3. 在同温、同压下，相同体积的气体，所含有的分子数相同。(　　)

4. 在标准状态下，6.022×10^{23} 个 CO_2 分子的质量是 44g。(　　)

5. 1mol 气体所占有的体积都约等于 $22.4L \cdot mol^{-1}$。(　　)

三、选择题（每题只有一个正确答案，将正确答案的序号填在题后的括号内）

1. 在标准状态下，下列气体体积最大的是（　　）。

① 4g H_2　② 0.5mol O_2　③ 1.5mol CO_2　④ 48g CO_2

2. 1g H_2 与 16g O_2 在标准状态下，（　　）相同。

① 体积　② 质量　③ 压力　④ 重量

3. 在标准状态下，与 14g N_2 所含有的分子数相同的气体是（　　）。

① 1mol H_2　② 0.5mol O_2　③ 1.5mol CO_2　④ 32g O_2

4. 在标准状态下，28g N_2 所含有的分子数与（　　）O_2 含有相同的分子数。

① 11.2L　② 22.4L　③ 44.8L　④ 4.48L

5. 在标准状态下，与 32g O_2 体积相同的 CO_2 气的质量是（　　）。

① 44g　② 4.4g　③ 4g　④ 44.8g

四、计算题

1. 在标准状态下，2.5L 某气体其质量为 4.91g，求该气体的相对分子质量是多少？

2. 试计算在标准状态下，11.2L CO_2 气体的质量是多少克？物质的量又是多少？[$M(CO_2)=44g\cdot mol^{-1}$]

3. 已知 $Zn+2HCl$ ══ $ZnCl_2+H_2\uparrow$，把 14g Zn 与质量分数 36%的稀盐酸 50g 反应，问最多能生成多少克氢气？在标准状态，氢气的体积又是多少升？

第四节　有关化学方程式和热化学方程式的计算

一、填空题

1. 用________符号和分子式表示化学反应的等式叫__________。

2. 把化学反应中放出或吸收的热量叫做化学反应________，一般用________表示，“+”表示________，“−”表示________。

3. 产品收率=___________×100%

4. 原料利用率=___________×100%

二、判断题（正确的在题后括号内画“√”，错误的画“×”）

1. $H_2+\frac{1}{2}O_2$ ══ $H_2O+241.8kJ$（　　）

2. 反应热效应必须是反应方程式表示的反应物完全反应时所放出或吸收的热量。（　　）

3. 由于热化学方程式中热效应值与反应物的物质的量多少有关，因此分子式前的系数不能用分数。（　　）

三、选择题（每题只有一个正确答案，将正确答案的序号填在题后的括号内）

1. 热化学反应方程式中分子式前的系数（　　）。

① 可以用分数　②只能用分数　③ 只能用整数　④ 不能用分数

2. 在热化学方程式中，分子式右侧，用固、液、气字样表示的是（　　）。

① 反应条件　② 温度压力　③ 物质的聚集状态

四、计算题

1. 已知 Na_2CO_3+2HCl ══ $2NaCl+CO_2\uparrow+H_2O$，如用 1.5g 工业碳酸钠（Na_2CO_3）与足够稀盐酸反应，在标准状态下收集到 0.31L CO_2 气体，求此工业碳酸的纯度是多少？

2. 假定合成氨的反应式为 $3H_2 + N_2 = 2NH_3$，为使氢气反应完全，控制氮气用量是理论的 115%，求每小时通入 $2000m^3$ 氢气时，氮气的通入量是多少立方米？

3. 已知 C(固)+O_2(气)═══CO_2(气)+393.5kJ,计算在相同条件下每燃烧 1kg 碳应放出多少热量？

自 测 题

一、填空题（33 分）

1. 0.5g 某元素含有 3.011×10^{23} 个原子，该元素的相对原子质量为________。
2. 无机物分两大类，即________和________。
3. 无机物反应类型共分四类，即________、________、________和________。
4. 物质的量是以________常数为计数单位，因此说 1mol 是________个结构微粒的集合体。
5. 在________状态下，1mol 的任何气体所占有的体积都约等于________。
6. SO_3 的 $M(SO_3) = 80g \cdot mol^{-1}$，该物质的相对分子质量是________。
7. 98g H_2SO_4 的物质的量是________mol，其中含 H 原子________mol，含 O 原子________mol，含 S 原子________mol，含 SO_4^{2-} ________mol。
8. 已知 H_2(气)+$\frac{1}{2}O_2$(气)═══H_2O(气)+241.8kJ,如燃烧 4g H_2 气能放出热量________kJ。
9.

分子式	命　名	摩尔质量
$FeCl_3$		
	硫酸铁	

二、判断题（正确的在题后括号内画“√”，错误的画“×”）（15 分）

1. 在标准状态下，2g O_2、2g N_2 与 2g H_2 三种气体所占的体积相等。（　）
2. 摩尔质量和相对分子质量完全相等。（　）
3. 氧的摩尔质量 $M = 32g \cdot mol^{-1}$。（　）

4. $H_2+\frac{1}{2}O_2$ ══H_2O+241.8kJ（　　）

5. $CuO+H_2O$ ══$Cu(OH)_2$（　　）

6. 产品收率$=\frac{理论产量}{实际产量}\times100\%$（　　）

7. 能表示出热效应的化学反应方程式叫热化学方程式。（　　）

8. 用元素符号和分子式表示的等式叫化学方程式。（　　）

9. 同温、同压下相同体积含有相同的分子数。（　　）

10. $KAl(SO_4)_2$ 的名称为硫酸钾铝。（　　）

三、选择题（每题只有一个正确答案，将正确答案的序号填在题后的括号内）（15 分）

1. 在标准状态下，等质量的气体，体积最小的气体是（　　）。

① H_2　② O_2　③ N_2　④ CO_2

2. 在标准状态下，等质量的气体，含有氧原子最多的是（　　）。

① CO_2　② SO_2　③ SO_3　④ N_2O_5

3. 如某物质 X 的摩尔质量 $M(X)=44g\cdot mol^{-1}$，则该物质的相对分子质量应为（　　）。

① 44g　② 4.4g　③ 44　④ $44g\cdot mol^{-1}$

4. $Cu(OH)_2$ 的制取方法为（　　）。

① $CuO+H_2O$ ══$Cu(OH)_2$　② $CuSO_4+2NaOH$ ══$Na_2SO_4+Cu(OH)_2\downarrow$

5. 等物质的量的几种物质，含氢原子最多的是（　　）。

① $(NH_4)_2SO_4$　② NH_4Cl　③ NH_3　④ NH_4Cl

6. 使用摩尔时必须指明（　　）。

① 聚集状态　② 反应条件　③ 分子式　④ 基本单元

7. 在同温、同压下相同体积的气体（　　）相等。

① 质量　② 分子数　③ 原子数　④ 重量

8. 指出下列说法不正确的是（　　）。

① 1mol 氧原子　② 0.5mol 氧分子　③ 3mol 氧气　④ 1mol 氧

9. 下列物质中质量最大的是（　　）

① 1mol H　② 1mol$\left(\frac{1}{2}H_2\right)$　③ 1mol N_2　④ 1mol O_2

10. 相同质量的镁和铝含有原子个数比是（　　）

① 1∶1　② 27∶24　③ 10∶11　④ 2∶3

四、计算题（每题 7 分）

1. 在标准状态下，11.2L 氧气的质量是 16g，求氧气的摩尔质量。

2. 用工业碳酸钠（Na_2CO_3）1.5g 与足够的稀盐酸反应，在标准状态下收集到 0.014mol 的 CO_2 气体，求 Na_2CO_3 的纯度。

3. 假定硫酸生产是按如下关系进行：

$4FeS_2 \longrightarrow 8H_2SO_4$，试计算每生产 1kg 质量分数为 96% 的浓 H_2SO_4，需纯度 70% 的 FeS_2 多少千克？

4. 已知 C(固)＋O_2(气)══CO_2(气)＋393.5kJ，试计算当产生热量为 393.5kJ 时，应燃烧多少碳？

五、计算填空（9 分）

体积（标准状态下）	质量	物质的量
44.8L CO_2		
	28g N_2	
		3mol H_2

第二章　分压定律

第一节　理想气体状态方程式

一、填空题

1. 一定质量的气体在温度不变时，它的体积（V）和它所受压力（p）成________比。

2. 一定质量的气体在压力不变时，它的体积（V）和绝对温度（T）成________比。

3. $pV=\frac{m}{M}RT$，式中 p 代表________，V 代表________，m 代表________，M 代表________，R 代表__________，T 代表________。

二、判断题（正确的在题后括号内画“√”，错误的画“×”）

1. 气体的体积（V）与它所受压力（p）成反比，而与温度成正比。（　）

2. 一定质量的气体，它的体积（V）与所受压力（p）成反比，而与绝对温度成正比。（　）

3. $R=8.314\text{Pa}\cdot\text{m}^{-3}\cdot\text{K}^{-1}\cdot\text{mol}^{-1}$（　）

4. $R=8.314\text{Pa}\cdot\text{m}\cdot\text{K}^{-1}\cdot\text{mol}^{-1}$（　）

5. 当压力（p）用 Pa 作单位，体积（V）用 m^3 作单位，而且又在标准状态下，则 $R=\frac{pV_{\text{m},0}}{T}=\frac{101325\text{Pa}\times 22.4\times 10^{-3}\text{m}^3}{273.15\text{K}}=8.314\text{Pa}\cdot\text{m}^3\cdot\text{K}^{-1}\cdot\text{mol}^{-1}$（　）

三、选择题（每题只有一个正确答案，将正确答案的序号填在题后的括号内）

1. $pV=nRT$，在通常状态下，对真实气体进行计算结果（　）。

① 比较准确　② 不准确　③ 很准确　④ 误差很大

2. 在理想气体方程式中，R 表示的是（　）。

① 气体常数　② 摩尔气体常数　③ 气体摩尔常数　④ 常数

3. $pV=nRT$，在计算中，如 p 用 Pa，$R=8.314\text{Pa}\cdot\text{m}^3\cdot\text{K}^{-1}\cdot\text{mol}^{-1}$，则 V 的单位是（　）。

① L　② mL　③ m　④ m^3

四、计算题

1. 温度为 298K，压力为 101.325kPa，0.6L 气体的质量 1.08g，求此气体的相对分子质量。

2. 温度为 25℃，在 100L 的密闭容器中装有 443.96g 的 CO_2 气体，求此时容器的压力 [$M(CO_2)=44g \cdot mol^{-1}$]。

第二节　分压及分压定律

一、填空题

1. 不发生化学反应的混合气体，总压________各组分的分压________。

2. 不发生化学反应的混合气体，总体积________各组分的分体积________。

3. 分压定律：混合气体的总压________组分气体的分压________；组分气体分压的大小和该组分在混合气体中的________成正比。

二、判断题（正确的在题后括号内画"√"，错误的画"×"）

1. 在一定的温度下，各组分单独占有容器所产生的压力叫分压。(　　)

2. 在一定的温度下，各组分气体单独占有与混合气体相同体积时，对容器所产生的压力叫该组分在混合气体中的分压。(　　)

3. $x_A=\frac{n_A}{n_{总}}=\frac{V_A}{V_{总}}=\frac{p_A}{p_{总}}$ (　　)

4. 根据理想气体状态方程式，分别写出混合气体各组分的状态方程式：

$p_1V_1=n_1RT$ (　　)

$p_2V_2=n_2RT$ (　　)

$p_3V_3=n_3RT$ (　　)

三、选择题（每题只有一个正确答案，将正确答案的序号填在题后的括号内）

1. $x_A=\frac{n_A}{n_{总}}$称为 (　　)。

① 摩尔分数　② 物质的量分数　③ 质量分数　④ 重量分数

2. $x_A=\frac{V_A}{V_{总}}$称为 (　　)。

① 体积分数　② 物质的量分数　③ 质量分数　④ 重量分数

3. 空气中 4/5 是 N_2，1/5 是 O_2，那么在相同的条件下，5L 空气中，N_2 的分体积是 (　　)。

① 4/5　② 1L　③ 4L　④ 5L

四、计算题

1. 在温度 25℃下，将 25.5g NH_3、32g O_2 和 14g N_2（彼此不发生化学反应）三种气体装在一个体积为 5L 的密闭容器中。计算：① 混合气体的总压为多少？② 各组分气体的分压为多少？

2. 在500L的气柜中，装有N_2、H_2和CO_2三种气体（不发生化学反应），在27℃测得气柜总压力为5.00×10^5Pa，并知三种气体的体积分数是：N_2为30%，H_2为50%，CO_2为20%，求三种气体的质量各是多少克？

3. 有一混合气体，H_2与N_2的体积比是3∶1，混合气体的总压为1.50×10^7Pa。求H_2与N_2的分压各为多少？

第三章　溶　　液

第一、二节　溶液和胶体　物质的溶解

一、填空题

1. 一种物质或几种物质分散到另一种物质中形成均一的、____________的________叫溶液。

2. 胶体分散系是指分散质的粒子直径介于________至______________之间的一种分散系。

3. 胶体的性质：(1) 光学性质——________________________；(2) 动力学性质——____________________________；(3) 电学性质——______________________________。

4. 固体溶质$\underset{(\quad)}{\overset{(\quad)}{\rightleftharpoons}}$溶液中的溶质。

5. 溶解过程是一个__________－__________过程。

二、判断题（正确的在题后括号内画"√"，错误的画"×"）

1. 溶液中能溶解其他物质的叫溶剂，被溶解的叫溶质。(　　)
2. 一般不指明溶剂的溶液都是水溶液。(　　)
3. 达到溶解动态平衡时溶液的浓度最大。(　　)
4. 饱和溶液的浓度都大于非饱和溶液的浓度。(　　)
5. 溶解过程都要放出热量。(　　)

三、选择题（每题只有一个正确答案，将正确答案的序号填在题后的括号内）

1. 酒精水溶液，人们习惯称作溶剂的是（　　）。

① 水　② 酒精　③ 含量多的　④ 含量少的

2. 悬浊液、乳浊液与溶液的主要不同点是（　　）。

① 均匀性和稳定性　② 耐热性　③ 过滤性　④ 氧化性

3. 溶质和溶剂粒子之间的作用叫（　　）。

① 静电作用　② 吸附作用　③ 溶剂化作用　④ 引力作用

4. $CuSO_4 \cdot 5H_2O$ 结晶水的形成原因是（　　）。

① 分子引力　② 静电作用　③ 化合作用　④ 溶剂化作用

四、计算题

1. 计算 $CuSO_4 \cdot 5H_2O$ 分子中结晶水在分子中的质量分数。

2. 如果将 50g $CuSO_4 \cdot 5H_2O$ 溶解在 100g 水中，求 $CuSO_4$ 在水溶液中的质量分数。

第三节　溶解与结晶

一、填空题

1. 在一定温度下，某物质在________g 水中达到________时，所能溶解溶质的质量(g)，叫该物质的溶解度。

2. 大多数物质的溶解度都是随温度升高而________。

3. 气体的溶解度一般是随压力增加而________，随温度升高而________。

4. ________________理论是目前唯一的有关溶解性能的经验理论。

二、判断题（正确的在题后括号内画“√”，错误的画“×”）

1. 饱和溶液一定是浓溶液，不饱和溶液一定是稀溶液。（　　）

2. 所有物质的溶解度都是随温度升高而增加。（　　）

3. 在饱和溶液中才有结晶析出。（　　）

4. 在 100g 水中能溶解 25g $CuSO_4 \cdot 5H_2O$，因此说 $CuSO_4$ 的溶解度是 25g·(100g $H_2O)^{-1}$。（　　）

5. 难溶物质就是绝对不溶解的物质。（　　）

三、选择题（每题只有一个正确答案，将正确答案的序号填在题后的括号内）

1. 在高温下用 $NaNO_3$ 与 KCl 按等物质的量配成饱和溶液，然后降温，查溶解度表，首先析出结晶的是（　　）。

① NaCl　② KCl　③ $NaNO_3$　④ KNO_3

2. 在汽水生产中，为增加 CO_2 在水中的溶解度，主要采取的方法是（　　）。

① 加热　② 冷却　③ 加压　④ 减压

四、计算题

1. 在 20℃将 10.05g KCl 的饱和溶液蒸干后得到 2.55g KCl，求该温度 KCl 的溶解度。

2. 已知 $CuSO_4$ 溶解度为 17.4g·(100g $H_2O)^{-1}$，求在该温度下，5g $CuSO_4$ 能配饱和溶液多少克？

3. 已知：KNO_3 溶解度

温度/℃	20	80
溶解度/g·(100g H_2O)$^{-1}$	31.5	169

如将 80℃的饱和溶液 269kg 冷却至 20℃时能析出结晶 KNO_3 多少千克？

第四节　溶液的组成

一、填空题

1. 用________溶液中所含溶质的物质的量来表示的浓度为________浓度，其单位符号为________。

2. 物质的量浓度的表达式为：

$c_B=\frac{\frac{m_B}{M_B}}{V}$，式中 c_B 代表________，V 代表________。

3. 将 18.4mol·L^{-1}的浓 H_2SO_4 10mL 稀释成 100mL，则此溶液浓度为________mol·L^{-1}。

4. 欲将 18.4mol·L^{-1}的浓 H_2SO_4 300mL，稀释成 10mol·L^{-1}的 H_2SO_4 溶液，应稀释至________mL。

二、判断题（正确的在题后括号内画“√”，错误的画“×”）

1. 在 1L 溶液中含有 1mol 的 H_2SO_4，则称此溶液为 1mol·L^{-1}硫酸溶液。（　　）

2. 将 98g H_2SO_4 溶于 1L 水中，则此溶液的物质的量浓度为 1mol·L^{-1}。（　　）

3. 将 40g NaOH 溶于 1L 水中，则此溶液的物质的量浓度为 40mol·L^{-1}。（　　）

4. $c_B=\frac{n_B}{V}$，式中 n_B 代表溶质的质量。（　　）

5. 当两种物质完全反应时，所消耗的物质的量相等。（　　）

6. 当两种物质完全反应时，所消耗的物质的质量相等。（　　）

7. 根据等物质的量反应规则，将下列反应式的等物质的量反应规则表示如下：

$$2NaOH+H_2SO_4 = Na_2SO_4+2H_2O$$

$$n(NaOH)=n\left(\frac{1}{2}H_2SO_4\right)$$（　　）

三、选择题（每题只有一个正确答案，将正确答案的序号填在题后的括号内）

1. 在 100mL H_2SO_4 溶液中，含有 0.1mol H_2SO_4，该溶液的物质的量浓度是（　　）。

① 1mol·L^{-1}　② 0.1mol·L^{-1}　③ 0.01mol·L^{-1}　④ 98mol·L^{-1}

2. 配制 1.000mol·L^{-1} NaCl 溶液 500mL，应使用的容量瓶规格为（　　）。

① 500mL　② 250mL　③ 50mL　④ 1000mL

3. 在 1L 1mol·L^{-1} H_2SO_4 溶液中，含 H_2SO_4 的质量是（　　）。

① 1g　② 49g　③ 9g　④ 98g

4. 从 1mol·L^{-1} H_2SO_4 溶液中取出 50mL，其中含 H_2SO_4 的质量是（ ）。

① 49g ② 4.9g ③ 0.49g ④ 50g

5. 均为 0.1mol·L^{-1}的 NaCl、$MgCl_2$、$FeCl_3$ 三种溶液，按含有 Cl^- 浓度的大小依次排序是（ ）。

① [NaCl]>[$MgCl_2$]>[$FeCl_3$] ② [$FeCl_3$]>[$MgCl_2$]>[NaCl]

③ [$MgCl_2$]>[NaCl]>[$FeCl_3$] ④ [$FeCl_3$]>[NaCl]>[$MgCl_2$]

四、计算题

1. 配制 0.1mol·L^{-1} NaOH 溶液 500mL，问需纯 NaOH 多少克？

2. 计算密度为 1.84g·mL^{-1}、质量分数为 98%的浓 H_2SO_4 的物质的量浓度是多少？

3. 0.1mol·L^{-1} NaOH 25.00mL 与 0.2000mol·L^{-1} HCl 溶液多少毫升才能恰好完全反应？

4. 0.2g NaOH 与 12.5mL 盐酸溶液完全反应，求此盐酸溶液的物质的量浓度是多少？

5. 配制0.1mol·L^{-1} H_2SO_4 溶液500mL，问需密度1.84g·mL^{-1}、质量分数为98%的浓 H_2SO_4 多少毫升？

自 测 题

一、填空题（18分）

1. 在溶解过程中，结晶速率等于溶解速率时，此时溶液的浓度达到__________。

2. 物质的溶解速率大小与溶质和溶剂的__________和__________有关。

3. 物质的量浓度的表达式为________________。

4. 取1mol·L^{-1} NaCl溶液1000mL，其中含NaCl __________g。

5. $NaOH+H_2SO_4 = NaHSO_4+H_2O$，此时 H_2SO_4 反应的基本单元是__________。

二、判断题（正确的在题后括号内画"√"，错误的画"×"）（12分）

1. 浓溶液一定是饱和溶液。（　　）

2. 用1L溶剂中所含溶质的物质的量的多少来表示的浓度是物质的量浓度。（　　）

3. 根据等物质的量反应规则，下列反应式的等物质的量反应规则表示如下：$2NaOH+H_2SO_4 = Na_2SO_4+2H_2O$，$n(NaOH)=n(H_2SO_4)$。（　　）

三、选择题（每题只有一个正确答案，将正确答案的序号填在题后的括号内）（12分）

1. 等体积、等浓度的下列溶液，含 Cl^- 最少的溶液是（　　）。

① $CaCl_2$　② KCl　③ $AlCl_3$　④ $SnCl_4$

2. 将1mol·L^{-1} NaOH溶液与3mol·L^{-1} NaOH溶液等体积混合，此溶液的物质的量浓度是（　　）。

① 1mol·L^{-1}　② 3mol·L^{-1}　③ 2mol·L^{-1}　④ 4mol·L^{-1}

3. 用 $NaNO_3$ 与KCl为原料制取 KNO_3 的方法是（　　）。

① 化学反应　② 重结晶　③ 加热分解　④ 过滤

四、计算题（第1题10分，其余每题16分）

1. 已知 $CuSO_4$ 在某一温度时的溶解度为17.4g·$(100g\ H_2O)^{-1}$，计算在同温度下 $CuSO_4\cdot5H_2O$ 的溶解度是多少？

2. 配制 $1mol \cdot L^{-1}$ H_2SO_4 溶液 500mL，问需质量分数为 98%、密度 $1.84g \cdot mL^{-1}$ 的浓 H_2SO_4 多少毫升？

3. $0.1mol \cdot L^{-1}$ NaOH 溶液 20.00mL 恰好与 25.00mL 盐酸溶液完全反应，求此盐酸的物质的量浓度。

4. 中和 0.45g NaOH 正好用去 $0.4mol \cdot L^{-1}$ HCl 溶液 25.00mL，求此 NaOH 的纯度。

第四章　化学反应速率和化学平衡

第一、二节　化学反应速率　影响化学反应速率的因素

一、填空题

1．化学反应速率是以__________时间内反应物浓度的__________或生成物浓度的增加来表示的。浓度的单位用____________表示，时间用秒（s）表示，因此反应速率的单位是__________。

2．已知：　　　　　$N_2 + 3H_2 \xlongequal{} 2NH_3$

起始浓度/$mol \cdot L^{-1}$　　1　　3　　　0

1s后浓度/$mol \cdot L^{-1}$　　0.9　2.7　　0.2

则 v_{N_2} =________，v_{H_2} =__________，v_{NH_3} =__________。

3．在其他条件不变时，化学反应速率与反应物________________________乘积成正比（简单反应）。

4．每升高10℃，则反应速率增大__________倍。

5．催化剂能使反应速率增大约__________倍。

二、判断题（正确的在题后括号内画“√”，错误的画“×”）

1．对一个化学反应的反应速率，可用几种物质浓度的变化来表示，其数值不同，则反应速率也不同。（　　）

2．质量作用定律对任何类型的反应都适用。（　　）

3．催化剂只能加快反应速率。（　　）

4．对气体反应，增加压力，相当于增加反应物浓度。（　　）

三、选择题（每题只有一个正确答案，将正确答案的序号填在题后的括号内）

1．一个化学反应的反应速率，由于用不同物质的浓度变化表示，其数值是不相同的，这是由于（　　）。

① 各物质的浓度不同

② 各物质的相对分子质量不同

③ 各物质是按化学方程式的定量关系反应

④ 反应快慢不同

2．反应速率常数 k 值的大小只与（　　）有关。

① 浓度　② 温度　③ 压力　④ 物质的量

3．对有气体参加的反应，影响反应速率的主要因素有（　　）。

① 浓度和温度　　　　　　　　② 浓度和压力

③ 温度、浓度、压力和催化剂　　④ 温度、压力、催化剂

4．如反应速率的单位为 $mol \cdot L^{-1} \cdot s^{-1}$，则时间单位是（　　）。

① 分　② 秒　③ 小时

四、计算题

1. 已知 $A+2B═C$ 为简单反应，当$[A]=0.5mol\cdot L^{-1}$，$[B]=0.6mol\cdot L^{-1}$时，测得A物质的反应速率为$0.018mol\cdot L^{-1}\cdot s^{-1}$，求此反应速率常数 k。

2. 已知 $2NO+O_2═2NO_2$ 为简单反应，当在密闭容器中反应时，将压力增加4倍，则反应速率增加几倍？

3. 某一反应，每升高10℃，反应速率增加3倍，当温度升高40℃时，则反应速率增加几倍？

4. 已知：

	$2SO_2$	$+O_2$	$═2SO_3$
起始浓度/$mol\cdot L^{-1}$	2	1.0	0
1s后浓度/$mol\cdot L^{-1}$			0.2

分别用三种物质表示反应速率。

第三节　化学平衡

一、填空题

1. 如果一个反应既能从____________反应，又能从_________反应，这样的反应叫可逆反应。

2. 正反应速率与逆反应速率_________时，此时的反应状态叫化学平衡。

3. K_c 叫_______常数，K_p 叫_______常数。

4. 已知：$CaCO_3(固) \overset{\triangle}{\rightleftharpoons} CaO+CO_2\uparrow$

$K_p=$________________________________。

5. 已知 $3H_2+N_2 \rightleftharpoons 2NH_3$，分别写出 K_c 与 K_p 表达式：

$K_c=$____________，$K_p=$______________。

二、判断题（正确的在题后括号内画"√"，错误的画"×"）

1. 当一个反应达到平衡状态时，各反应物浓度等于各生成物浓度。（　　）

2. $2KClO_3 \xrightarrow[MnO_2]{\triangle} 2KCl + 3O_2\uparrow$ （　　）

3. 达到平衡时，各反应物和各生成物的浓度都等于常数。（　　）

4. 已知$\frac{1}{2}N_2+\frac{3}{2}H_2 \rightleftharpoons NH_3$ 与 $N_2+3H_2 \rightleftharpoons 2NH_3$ 两个反应的平衡常数 K'_p 和 K_p，有如下关系，$K_p=K'_p$。（　　）

三、选择题（每题只有一个正确答案，将正确答案的序号填在题后的括号内）

1. 下列反应属于可逆反应的是（　　）。

① $2KClO_3 \xrightarrow[MnO_2]{\triangle} 2KCl+3O_2\uparrow$

② $HCl+NaOH = NaCl+H_2O$

③ $3H_2+N_2 \rightleftharpoons 2NH_3$

④ $Na_2CO_3+2HCl = 2NaCl+CO_2\uparrow+H_2O$

2. 已知 $CaCO_3$(固)$\overset{\triangle}{\rightleftharpoons}CaO+CO_2\uparrow$，$K_p$ 表达式正确的是（　　）。

① $K_p=p(CO_2)$　② $K_p=\frac{p(CaO)p(CO_2)}{p(CaCO_3)}$　③ $K_p=K_p(CaCO_3)$　④ $K_p=p(CaO)$

3. 平衡转化率正确的表达式是（　　）。

① 平衡转化率$=\frac{\text{起始浓度}-\text{平衡浓度}}{\text{起始浓度}}\times100\%$

② 平衡转化率$=\frac{\text{起始浓度}}{\text{平衡浓度}}\times100\%$

③ 平衡转化率$=\frac{\text{平衡浓度}-\text{起始浓度}}{\text{起始浓度}}\times100\%$

④ 平衡转化率$=\frac{\text{起始浓度}-\text{平衡浓度}}{\text{平衡浓度}}\times100\%$

4. 平衡常数值的大小是反应进行____________标志。

① 快慢　② 好坏　③ 程度　④ 难易

5. 在查找或使用平衡常数时，必须注意（　　）。

① 反应温度和压力　　② 反应物的浓度

③ 该平衡常数对应的反应方程式　　④ 反应条件的关系

四、计算题

1. 已知 $3H_2+N_2 \rightleftharpoons 2NH_3$，在某一反应条件下测得 $K_p=7.82\times10^{-5}$，在同一条件下，求$\frac{3}{2}H_2+\frac{1}{2}N_2 \rightleftharpoons NH_3$ 反应的平衡常数 K'_p。

2. 已知 $2SO_2+O_2 \rightleftharpoons 2SO_3$，在平衡时测得各物质的浓度为：$[SO_2]=0.1mol \cdot L^{-1}$，$[O_2]=0.05mol \cdot L^{-1}$，$[SO_3]=0.9mol \cdot L^{-1}$，求平衡常数 K_c 和 SO_2 的转化率。

3. 已知 $3H_2+N_2 \rightleftharpoons 2NH_3$，平衡时各物质的浓度分别为：$[N_2]=3mol \cdot L^{-1}$，$[H_2]=9mol \cdot L^{-1}$，$[NH_3]=2mol \cdot L^{-1}$，求该反应的平衡常数 K_c 和 N_2 与 H_2 的起始浓度。

4. 已知 $CO+H_2O \rightleftharpoons CO_2+H_2$，测得 $K_c=1$，如 $[CO]$ 和 $[H_2O]$ 的起始浓度分别为 $2mol \cdot L^{-1}$ 和 $3mol \cdot L^{-1}$ 时，计算 CO 的转化率。

5. 已知 $CO+H_2O \rightleftharpoons CO_2+H_2$，测得 $K_c=1$，为使 CO 的转化率为 85%，计算原料气中 $[H_2O]:[CO]$ 的比值最低为多少？

第四节　化学平衡移动

一、填空题

1. 催化剂只能加快反应到达__________的时间，不能影响____________移动。

2. 处在一个平衡状态下的反应，增加反应物浓度，平衡就向能__________反应物浓度的生成物方向移动；升高温度平衡就向__________方向移动。

3. 请指明升高温度、降低压力时下列平衡状态移动的方向。

平衡状态下的反应	升高温度	降低压力
	平衡移动的方向	平衡移动的方向
(1) $2SO_2+O_2 \rightleftharpoons 2SO_3+Q$		
(2) $N_2O_4 \rightleftharpoons 2NO_2-Q$		
(3) CO_2+C(固)$\rightleftharpoons 2CO-Q$		
(4) $H_2+S \rightleftharpoons H_2S+Q$		

二、判断题（正确的在题后括号内画“√”，错误的画“×”）

1. 到达平衡状态时，反应速率等于 0。（　　）

2. 升温能使 $v_{正}$ 增大，$v_{逆}$ 减小，结果平衡向右移动。（　　）

3. 由于反应前后分子数相等，所以增加反应的压力，对反应速率没有影响。（　　）

4. 由于反应前后分子数没有变化，所以增加反应压力对平衡移动没有影响。（　　）

5. 已知 $PCl_5 \rightleftharpoons PCl_3 + Cl_2$，如在 420K 时 PCl_5 分解率为 48.5%，而在 570K 时 PCl_5 分解率为 95%，说明该反应是吸热反应。（　　）

三、选择题（每题只有一个正确答案，将正确答案的序号填在题后的括号内）

1. $CO + H_2O \rightleftharpoons CO_2 + H_2$，为提高 CO 转化率应采取（　　）。

① 增大 CO 的浓度　② 提高 H_2O 用量　③ 升高温度　④ 增加压力

2. $CaCO_3$(固)$\overset{\triangle}{\rightleftharpoons}$$CaO + CO_2\uparrow - Q$，为提高 $CaCO_3$ 的转化率应采取（　　）。

① 增加 $CaCO_3$ 用量　　② 减少反应压力

③ 尽量把生成的 CO_2 气排空　　④ 降低温度

3. 已知 $N_2 + 3H_2 \rightleftharpoons 2NH_3$，如增加反应压力，则平衡向（　　）移动。

① 左　② 右

4. 已知 $A + B \underset{K_2, v_{逆}}{\overset{K_1, v_{正}}{\rightleftharpoons}} C + Q$，当升高温度时平衡向左移动，其原因是由于（　　）。

① $v_{正}$ 减小，$v_{逆}$ 增大　　② K_2 增大，K_1 减小

③ $v_{正}$ 增大，$v_{逆}$ 减小　　④ K_1、K_2 都增大，但 K_2 比 K_1 增大得多

5. 勒夏特列原理只适用于（　　）。

① 化学平衡　② 物理平衡　③ 一切平衡状态　④ 一切非平衡状态

四、计算题

1. 已知 $CO + H_2O \rightleftharpoons CO_2 + H_2$，当 $K_c = 1$ 时，分别计算 [CO]∶[H_2O] 等于 1∶3、1∶4 和 1∶5 时 CO 的转化率。

2. 已知 $CO + H_2O \rightleftharpoons CO_2 + H_2$，当 $K_c = 1$ 时，如使 CO 转化率达到 90%，计算 [CO]∶[H_2O] 的比值必须是多少？

自 测 题

一、填空题（46 分）

已知 $A(g)+2B(g) \rightleftharpoons C(g)+Q$，请填下表：

因 素	反应速率 v	速率常数 k	平衡常数 K_c	平衡移动
浓度				
压力				
温度				
催化剂				

二、判断题（正确的在题后括号内画"√"，错误的画"×"）（每题 3 分）

1. 质量作用定律：反应速率与反应物浓度成正比。（　　）

2. 有催化剂参加的反应叫催化反应。（　　）

3. 反应到达平衡状态时，只要不改变其他条件，各种物质的浓度都保持不变。（　　）

4. 到达平衡状态时，反应停止。（　　）

5. 平衡常数值的大小，仅与温度有关，而与浓度无关。（　　）

三、选择题（每题只有一个正确答案，将正确答案的序号填在题后的括号内）（每题 3 分）

1. K_c 与 K_p 的不正确说法是（　　）。

① 与温度有关　② 与浓度无关　③ 与压力无关　④ 与方程式写法无关

2. 已知 $aA+bB \rightleftharpoons cC+dD$，当增加压力时，生成物 C 的浓度增加，则说明反应前后分子数不相等，即（　　）。

① $a+b>c+d$　　② $a+b<c+d$

3. 已知 $2SO_2+O_2 \rightleftharpoons 2SO_3$，测得反应数据如下：

温度/K	K_p	SO_2 转化率/%	温度/K	K_p	SO_2 转化率/%
600	440	99	800	60	90
700	140	96	900	11	71

说明该反应是（　　）。

① 吸热　② 放热　③ 分子数减少　④ 分子数增加

四、计算题（每题 10 分）

1. 已知　　$3H_2+N_2 \rightleftharpoons 2NH_3$

起始浓度/$mol \cdot L^{-1}$　　3　　1　　0

3s 后浓度/$mol \cdot L^{-1}$　　2.7

求用三种物质表示的平均反应速率。

2. 已知 $3H_2+N_2 \rightleftharpoons 2NH_3$

	H_2	N_2	NH_3
起始浓度/mol·L^{-1}	9	3	0
平衡浓度/mol·L^{-1}			2

求平衡常数 K_c 和 H_2、N_2 两种物质的转化率。

3. 已知 $2SO_2+O_2 \rightleftharpoons 2SO_3$，在一定条件下测得平衡时 $[SO_2]=1mol \cdot L^{-1}$，$[O_2]=0.5mol \cdot L^{-1}$，$[SO_3]=0.9mol \cdot L^{-1}$。求 K_c 和反应物的起始浓度及 SO_2 的转化率。

第五章　电解质溶液

第一节　电解质的解离

一、填空题

1. 在水溶液中能____________解离的电解质称为强电解质，而__________解离的称为弱电解质。

2. 强电解质由于全部解离，因此在水溶液中不存在__________；而弱电解质由于部分解离，而且还是可逆的，因此在水溶液中存在__________和__________。

3. $HAc \rightleftharpoons H^+ + Ac^-$，$K_a=$__________。

4. 在弱电解质中，加入含有相同______________的强电解质后，使弱电解质的解离度__________的现象叫同离子效应。

5. 解离平衡常数值越大，则弱电解质的__________越大。

二、判断题（正确的在题后括号内画"√"，错误的画"×"）

1. 根据 $K_i=c\alpha^2$，弱电解质的浓度越小，则解离度越大，因此弱酸溶液中，$[H^+]$ 也越大。（　　）

2. 在相同浓度下，凡一元酸的水溶液，其 $[H^+]$ 都相同。（　　）

3. 由于强酸全部解离，弱酸部分解离，相同浓度下 $[H^+]$ 不同，因此在中和反应中，中和相同的碱量，强酸与弱酸的消耗量也不同。（　　）

4. 由于盐酸是强酸，100%解离，因此 $HCl = H^+ + Cl^-$，则 $c(HCl)=c(H^+)$。（　　）

5. 如 $K_{HAc}>K_{HCN}$，则 HAc 与 HCN 相比，HAc 是较强的弱酸。（　　）

三、选择题（每题只有一个正确答案，将正确答案的序号填在题后的括号内）

1. 属于强电解质的是（　　）；属于弱电解质的是（　　）。

① NaCl 水溶液　② 氨水　③ 酒精　④ 汽油

2. 下列物质在水溶液中能解离出 H^+ 的物质是（　　）。

① HCl　② $NH_3 \cdot H_2O$　③ $Mg(OH)_2$　④ $AgNO_3$

3. 解离平衡常数同化学平衡常数一样，只与（　　）有关。

① 压力　② 浓度　③ 相对分子质量　④ 温度

4. $0.1mol \cdot L^{-1}$ HAc 溶液的解离度为 1.33%，这说明（　　）。

① 在 100 个分子中有 1.33 个 HAc 分子解离

② 1000 个分子中有 13.3 个 HAc 分子解离

③ 10000 个分子中有 133 个 HAc 分子解离

5. $NH_3 \cdot H_2O \rightleftharpoons NH_4^+ + OH^-$，则（　　）。

① $[NH_4^+]=[OH^-]$　　② $[NH_3 \cdot H_2O]>[OH^-]$

③ $[OH^-]>[NH_4^+]$　　④ $[NH_3 \cdot H_2O]=[OH^-]$

四、计算题

1. 已知 $0.1mol \cdot L^{-1}$ HCN 的解离度为 0.007%，求解离平衡常数。

2. 已知 0.01mol·L^{-1} HAc 的解离度为 4.24%，求解离平衡常数和［H^+］。

3. 求 0.4mol·L^{-1} HAc 溶液中的［H^+］和解离度。（$K_a=1.8\times10^{-5}$）

4. 求 0.4mol·L^{-1} $NH_3\cdot H_2O$ 溶液的［OH^-］和解离度。（$K_b=1.8\times10^{-5}$）

5. 25℃ 0.4mol·L^{-1} $NH_3\cdot H_2O$ 的解离度为 0.67%，求［OH^-］和解离平衡常数。

第二、三节　离子互换反应和离子反应方程式
水的解离和溶液的 pH

一、填空题

1. 强酸与强碱的中和反应的特征是生成__________，其本质是__________离子与________离子的反应，离子反应方程式为________。

2. 请写出下列反应的离子反应方程式。

① $CaCO_3$ 与 HCl 反应____________________。

② Zn 与稀 H_2SO_4 反应____________________。

③ $BaCl_2$ 与 Na_2SO_4 反应____________________。

④ $AgNO_3$ 与 NaCl 反应____________________。

二、判断题（正确的在题后括号内画“√”，错误的画“×”）

1. 在水溶液中：［H^+］=［OH^-］，溶液呈中性。（　　）

［H^+］>［OH^-］，溶液呈酸性。（　　）

［H^+］<［OH^-］，溶液呈酸性。（　　）

2. pH 越大，则溶液酸性越强。（　　）

3. pH 相等的两种酸，其浓度也相等。(　　)

4. 将 pH=1 与 pH=3 的两种溶液等体积混合后，pH=2。(　　)

5. pH=lg[H^+] (　　)

三、选择题（每题只有一个正确答案，将正确答案的序号填在题后的括号内）

1. 有关对水解离的正确说法是（　　）。

① 非电解质　② 强电解质　③ 弱电解质　④ 很弱的电解质

2. 将 pH=1 与 pH=3 的两种溶液等体积混合，则溶液的 pH=（　　）。

① pH=1　② pH=2　③ pH=3　④ pH=1.3

3. 等浓度（单位为 $mol \cdot L^{-1}$）的下列溶液，pH 最大的溶液是（　　）。

① NaCl 溶液　② NaOH 溶液　③ HCl 溶液　④ $NH_3 \cdot H_2O$ 溶液

4. 等浓度（单位为 $mol \cdot L^{-1}$）的下列溶液，酸性最强的溶液是（　　）。

① pH=0　② pH=2　③ pH=3　④ pH=4

5. pH 增加一个单位，则此溶液中的 [H^+] 是（　　）。

① 增大 10 倍　② 减少 10 倍　③ 增加 1 倍　④ 减少 1 倍

四、计算题

1. 将下列溶液的 [H^+] 或 [OH^-] 换算成 pH，或将 pH 换算成 [H^+]。

(1) [H^+]=$3.2\times10^{-1} mol \cdot L^{-1}$

(2) [OH^-]=$3.2\times10^{-1} mol \cdot L^{-1}$

(3) pH=3

(4) pH=11

2. 求 $0.1mol \cdot L^{-1}$ HAc 溶液的 pH。($K_a=1.8\times10^{-5}$)

3. 求 $0.1mol \cdot L^{-1}$ $NH_3 \cdot H_2O$ 溶液的 pH。($K_b=1.8\times10^{-5}$)

4. 求 $0.1mol \cdot L^{-1}$ NaOH 溶液的 pH。(100%解离)

5. 在 $0.1mol \cdot L^{-1}$的 HAc 溶液中，加入固体 NH_4Ac，使其浓度达 $0.1mol \cdot L^{-1}$，求

混合溶液的 pH。($K_a=1.8\times10^{-5}$,提示:按同离子效应计算)

第四、五节 盐类的水解 缓冲溶液

一、填空题

1. 把盐的离子与溶液中水解离出来的__________和__________作用生成__________电解质的反应叫盐的水解。

2. 弱酸与强碱生成的盐,水解后溶液呈__________性。

3. 强酸与强碱生成的盐,水溶液呈__________性。

4. 水解反应是中和反应的__________反应,则 $NH_3\cdot H_2O+HCl \underset{水解}{\overset{中和}{\rightleftharpoons}}$ ____________。

5. 把能抵御外来少量酸、碱,并使 pH 保持相对__________________________的溶液叫__________________________。

二、判断题(正确的在题后括号内画"√",错误的画"×")

1. 凡是水溶液的 pH=7 的盐,都不能发生水解。( )

2. 凡是水溶液的 pH<7 的,都是由于盐的水解。( )

3. 缓冲溶液具有中和酸、碱的作用。( )

4. 水溶液 pH=7 的是水,pH<7 的是酸,pH>7 的是碱。( )

5. 两种物质化学式之间用一短线相连,表示缓冲溶液中的缓冲对,如 HAc-NaAc 等。

三、选择题(每题只有一个正确答案,将正确答案的序号填在题后的括号内)

1. 指出下列盐的水溶液呈中性的是( ),呈碱性的是( ),呈酸性的是( )。

① NH_4Ac ② NaAc ③ NH_4Cl

2. 在 HAc 溶液中为使其具有缓冲溶液的性质,需加一种物质是( )。

① NaCl ② HCl ③ NaAc ④ NaOH

3. 下列几组溶液具有缓冲溶液性质的溶液是( )。

① NaCl 与 NaOH ② $NH_3\cdot H_2O$ 与 NaOH

③ HAc 与 NH_4NO_3 ④ HAc 与 NaAc

4. 下列酸、碱在中和反应时生成盐,水解后呈酸性的是( )。

① HCl 与 $NH_3\cdot H_2O$ ② NaOH 与 H_2SO_4

③ HNO_3 与 NaOH ④ $NH_3\cdot H_2O$ 与 HAc

5. 下列盐不发生水解的是( )。

① NaCl ② $FeCl_3$ ③ NH_4Cl ④ KCN

四、问答题

以 HAc-NaAc 为例说明缓冲溶液的缓冲原理。为什么缓冲溶液的缓冲作用是有限的?

自 测 题

一、填空题（21 分）

1. $HAc \xrightleftharpoons[(\quad)]{(\quad)} H^+ + Ac^-$

2. 在一定的条件下，弱电解质的浓度越稀，则解离度越＿＿＿＿＿。

3. 写出 $BaCl_2$ 与 K_2SO_4 反应的离子反应方程式＿＿＿＿＿＿＿＿＿＿＿＿＿＿。

4. 如弱酸与弱碱，$K_a > K_b$，则生成的盐水溶液的 pH ＿＿＿＿＿7。

5. 缓冲溶液能抵御外来少量＿＿＿＿＿，并保持 pH 相对＿＿＿＿＿，这种作用叫缓冲作用。

二、判断题（正确的在题后括号内画"√"，错误的画"×"）（15 分）

1. 电解质在电的作用下解离。（　　）

2. HCl 与 HAc 均为 $0.1mol \cdot L^{-1}$，则两种酸的水溶液 $[H^+] = 0.1mol \cdot L^{-1}$。（　　）

3. 凡能解离的电解质，都存在解离平衡。（　　）

4. NaCl 不含 H^+，因此水溶液 pH=0。（　　）

5. NH_4Ac 水溶液 pH=7，因此说 NH_4Ac 是不发生水解的盐。（　　）

三、选择题（每题只有一个正确答案，将正确答案的序号填在题后的括号内）（15 分）

1. 在同温、同体积、同浓度的条件下，判断弱电解质的相对强弱的根据是（　　）

① 相对分子质量大小　② 解离度大小　③ H^+ 浓度大小　④ 酸味大小

2. 为使 HAc 解离度降低，可加入的物质是（　　）。

① NaCl　② H_2O　③ HCl　④ Na_2SO_4

3. 属于离子反应方程式的反应是（　　）。

① $2Mg + O_2 = 2MgO$　　② $2H_2 + O_2 = 2H_2O$

③ $H^+ + OH^- = H_2O$　　④ $AgNO_3 + NaCl = AgCl\downarrow + NaNO_3$

4. 为使 NaAc 水溶液具有缓冲作用，需加入的物质是（　　）。

① HCl　② H_2SO_4　③ NaOH　④ HAc

5. NH_4Ac 水溶液的 pH=7，说明（　　）。

① $K_a = K_b$　② $K_b > K_a$　③ $K_a > K_b$

四、计算题（49 分）

1. $0.1mol \cdot L^{-1}$ HCN 水溶液的解离度为 0.007%，求 pH。

2. 求 $0.1mol \cdot L^{-1}$ $NH_3 \cdot H_2O$ 溶液中的 $[H^+]$。（$K_b = 1.8 \times 10^{-5}$）

3. 将 25.00mL 0.1mol・L^{-1} HAc 与 25.00mL 0.1mol・L^{-1} HCl 混合，求 pH。

4. 完成下列计算：

$[H^+]$	pH
1.34×10^{-3}	
	11.27
	0

第六章　沉 淀 反 应

第一节　溶　度　积

一、填空题

1. 把有____生成的一类反应叫沉淀反应。

2. AgCl 在水中溶解可用下式表示：AgCl（固）$\underset{(\quad)}{\overset{(\quad)}{\rightleftharpoons}}$ $Ag^+ + Cl^-$

3. K_{sp}称______常数，可用通式表示如下：

A_nB_m $=\!=\!=$ $nA+mB$（离子电荷省略），则 $K_{sp}=$____。

4. $Mg(OH)_2 = Mg^{2+} + 2OH^-$，$K_{sp}=$__________。

5. 同一类型的难溶物质，K_{sp}越大，则溶解度越________。

二、判断题（正确的在题后括号内画“√”，错误的画“×”）

1. $AgCl \rightleftharpoons Ag^+ + Cl^-$，$K_{sp}=\dfrac{[Ag^+][Cl^-]}{[AgCl]}$。（　　）

2. K_{sp}值越大，则难溶物质的溶解度也越大。（　　）

3. $Ag_2CrO_4 =\!=\!= 2Ag^+ + CrO_4^{2-}$，$K_{sp}=[2Ag^+][CrO_4^{2-}]$

4. 由于 Ag_2CrO_4 溶解度为 6.5×10^{-5} mol·L^{-1}，比 AgCl 的溶解度 1.34×10^{-5} mol·L^{-1}大，所以 $K_{sp}(Ag_2CrO_4) > K_{sp}(AgCl)$。（　　）

5. $nAB_m \rightleftharpoons nA+mB$，$K_{sp}=[A]^n[B]^m$。（　　）

三、选择题（每题只有一个正确答案，将正确答案的序号填在题后的括号内）

1. 溶度积常数是表示（　　）物质的溶解能力大小的一个常数。

① 不溶　② 易溶　③ 难溶　④ 可溶

2. K_{sp}的名称为（　　）。

① 平衡常数　② 解离常数　③ 溶解度常数　④ 溶度积常数

3. 25℃时 $K_{sp}(Ag_2CrO_4)=1.1\times10^{-12}$，则该温度时 Ag_2CrO_4 的溶解度为（　　）mol·L^{-1}。

① 6.5×10^{-5}　② 2.1×10^{-6}　③ 2.14×10^{-6}　④ 1.34×10^{-4}

4. 由于 $K_{sp}(AgCl) > K_{sp}(AgBr)$，则 AgCl 的溶解度（单位为 mol·L^{-1}）一定比 AgBr 的溶解度（　　）

① 大　② 小

四、计算填空题

分子式	相对分子质量	K_{sp}表达式	K_{sp}	溶解度	
				/mol·L^{-1}	/g·L^{-1}
AgCl	143.5	$K_{sp}=[Ag^+][Cl^-]$	1.8×10^{-10}		
Ag_2CO_3	276				3.5×10^{-2}
$Cu(OH)_2$	97.5			1.76×10^{-7}	

第二、三节　沉淀与溶解　溶度积规则的应用

一、填空题

1. 当溶液处于非平衡状态下时，如果离子浓度之积用 Q_i 表示，它与溶度积常数 K_{sp} 有三种情况：

① $Q_i < K_{sp}$，则溶液呈__________状态。

② $Q_i > K_{sp}$，则溶液呈__________状态。

③ $Q_i = K_{sp}$，则溶液呈__________状态。

2. 在难溶电解质中，加入含有__________离子的强电解质，而使难溶电解质的溶解度__________的现象叫同离子效应。

3. 在沉淀的转化过程中，一般是两种沉淀物质的 K_{sp} 值相差越__________，则转化越完全。

二、判断题（正确的在题后括号内画"√"，错误的画"×"）

1. 由于 $Ba^{2+} + SO_4^{2-} \Longrightarrow BaSO_4 \downarrow$，所以只要溶液中存在 Ba^{2+} 和 SO_4^{2-} 就能生成 $BaSO_4$ 沉淀，与两种离子的浓度无关。（　　）

2. 完全沉淀，就是指被沉淀的离子浓度达到 0。（　　）

3. 在难溶电解质中为使溶解度下降，可加入含有相同离子的电解质。（　　）

4. 对同一类型的难溶电解质，在离子浓度相同时，K_{sp} 值小者首先沉淀。（　　）

三、选择题（每题只有一个正确答案，将正确答案的序号填在题后的括号内）

1. 能使 AgCl 的溶解度降低的物质是（　　）。

① NaCl　② NaOH　③ H_2SO_4　④ Na_2SO_4

2. 产生沉淀的条件必须是（　　）。

① $Q_i > K_{sp}$　② $Q_i = K_{sp}$　③ $Q_i < K_{sp}$　④ $Q_i = 0$

3. 已知 $K_{sp}(AgCl) > K_{sp}(AgBr)$，而且溶液中 $[Cl^-] = [Br^-]$，当开始加入沉淀剂 $AgNO_3$ 时，首先产生沉淀的离子是（　　）。

① Cl^-　② Br^-

四、计算题

1. 已知 $K_{sp}[Mg(OH)_2] = 1.8 \times 10^{-11}$，求 $Mg(OH)_2$ 在 $0.01 mol \cdot L^{-1}$ NaOH 溶液和 $0.01 mol \cdot L^{-1}$ $MgCl_2$ 溶液中的溶解度（$mol \cdot L^{-1}$）。

2. 计算 $0.5 mol \cdot L^{-1}$ 的 $MgCl_2$ 溶液中，加入等体积的 $0.1 mol \cdot L^{-1}$ $NH_3 \cdot H_2O$ 溶液有无 $Mg(OH)_2$ 沉淀生成？（提示：①等体积混合后，原来溶液的浓度降低一半；②$NH_3 \cdot H_2O$ 是弱电解质，$K_b = 1.8 \times 10^{-5}$）

第七章　氧化还原反应与电化学

第一、二节　氧化还原反应　氧化还原反应方程式的配平

一、填空题

1. 凡是物质失去电子的反应叫________，而物质________电子的反应叫还原，在一个反应中，氧化和还原必然同时________，得失电子的数量________。

2. 能使另一种物质发生氧化反应的物质叫________剂，能使另一物质发生还原反应的物质叫________剂。

3. 氧化剂、还原剂是指参加氧化-还原反应的________；而氧化还原反应是指化学反应得失电子的________。

4. 得电子的物质化合价________，失电子的物质化合价________。

5. 指出下列反应中的氧化剂、还原剂、被氧化和被还原的物质。

$$Zn + H_2SO_4 = ZnSO_4 + H_2\uparrow$$

氧化剂是________，还原剂是________，被氧化的是________，被还原的是________。

二、判断题（正确的在题后括号内画“√”，错误的画“×”）

1. 氧化还原反应得失电子同时发生而且数量相等。（　）

2. 在氧化还原反应中，某元素的原子失电子，必有另一元素的原子得电子。（　）

3. 氧化还原反应中，氧化剂、还原剂同时存在。（　）

三、选择题（每题只有一个正确答案，将正确答案的序号填在题后的括号内）

1. $2KMnO_4 + 10FeSO_4 + 8H_2SO_4 = 2MnSO_4 + 5Fe_2(SO_4)_3 + K_2SO_4 + 8H_2O$，反应中被还原的物质是（　）。

① $KMnO_4$　② Fe^{2+}　③ Fe^{3+}　④ Mn^{7+}

2. 氧化剂、还原剂是指参加氧化还原反应的（　）。

① 过程　② 物质　③ 现象　④ 氧化性、还原性

3. 氧化还原反应是指参加化学反应得失电子的（　）。

① 过程　② 物质　③ 现象　④ 氧化性、还原性

4. 氧化剂具有______，还原剂具有______。

① 酸性　② 氧化性　③ 还原性　④ 碱性

四、配平下列氧化还原反应式

1. $KClO_3 + FeSO_4 + H_2SO_4 \longrightarrow KCl + Fe_2(SO_4)_3 + H_2O$

2. $MnO_2 + HCl \longrightarrow MnCl_2 + Cl_2 + H_2O$

3. $K_2Cr_2O_7 + SO_2 + H_2SO_4 \longrightarrow Cr_2(SO_4)_3 + K_2SO_4 + H_2O$

4. $Cu + HNO_3$(稀)$\longrightarrow Cu(NO_3)_2 + NO + H_2O$

第三、四节　原电池　电极电势

一、填空题

1. 原电池是由______半电池组成的。组成半电池的导体叫______。流出电子的电极叫______，接受电子的电极叫______。

2. (－) Zn | $ZnSO_4$（溶液）‖ $CuSO_4$（溶液）| Cu (＋)

负极反应：__________，

正极反应：__________，

电池反应：__________，

式中符号的意义："‖"代表______，"(－)"代表______，"(＋)"代表______。

3. 氧化态＋______$\rightleftharpoons$还原态。

4. 原电池中盐桥的作用是______两个半电池。

二、判断题（正确的在题后括号内画"√"，错误的画"×"）

1. 原电池中流出电子的电极叫阴极。(　　)

2. 原电池中接受电子的电极叫阳极。(　　)

3. 氧化态、还原态是同一元素的两种价态，化合价高的是氧化态，化合价低的是还原态。(　　)

4. 氧化态与还原态构成电对，如 Zn^{2+}/Zn。(　　)

三、选择题（每题只有一个正确答案，将正确答案的序号填在题后的括号内）

1. 原电池电动势的计算规定是（　　）。

① $E^{\ominus} = E^{\ominus}_{+} - E^{\ominus}_{-}$　② $E^{\ominus} = E^{\ominus}_{-} - E^{\ominus}_{+}$

2. (－) Zn | $ZnSO_4$(溶液) ‖ $CuSO_4$(溶液) | Cu(＋)，则（　　）。

① $E^{\ominus}(Zn^{2+}/Zn) > E^{\ominus}(Cu^{2+}/Cu)$　② $E^{\ominus}(Zn^{2+}/Zn) < E^{\ominus}(Cu^{2+}/Cu)$

3. 已知 $E^{\ominus}(Fe^{3+}/Fe^{2+}) = 0.771V$，$E^{\ominus}(Cu^{2+}/Cu) = 0.337V$

$2Fe^{2+} + Cu^{2+} = 2Fe^{3+} + Cu$ 反应进行的方向是（　　）。

① 从左向右　② 从右向左

四、问答题（用标准电极电势数解释下列问题）

1. 为什么配制 $FeSO_4$ 溶液时，为防止空气中的氧把 Fe^{2+} 氧化成 Fe^{3+}，需在溶液中加入少量金属铁？

2. 为什么配制 $SnCl_2$ 溶液时，加入少量锡粒，可以防止 $SnCl_2$ 变为 $SnCl_4$？

第五、六节　电解　金属的电化学腐蚀与防腐

一、填空题

1. 电解是把______变成化学能的装置。

2. 电解槽中与直流电源正极相接的极叫______，与直流电源负极相接的极叫______。

3. 不论是阳离子在______极上得到电子，还是阴离子在______上失去电子，一律称为离子放电。

4. 以石墨为电极，电解卤化物（盐）水溶液时，在阳极上总是卤素离子先______，并得到______，而盐中金属的电极电势 $E^{\ominus}$ 大于 0 时，在阴极上金属离子先______，并得到相应的______。

二、判断题（正确的在题后括号内画"√"，错误的画"×"）

1. 在电解槽中与直流电源负极相接的极叫负极。（　　）

2. 在电解槽中与直流电源负极相接的极叫正极。（　　）

3. 在电解槽中与直流电源阳极相接的极叫阳极。（　　）

4. 在电解槽中与直流电源阴极相接的电极叫阴极。（　　）

三、选择题（每题只有一个正确答案，将正确答案的序号填在题后的括号内）

1. 用电解法精炼金属，做阳极的物质是（　　）。

① 石墨　② 精金属　③ 粗金属（待精炼的）

2. 电解食盐水溶液，则在阳极上得到的物质是（　　）。

① Cl_2　② H_2　③ NaOH　④ NaCl

3. 镀锌时将锌板作（　　）。

① 阳极　② 阴极

4. 电解法精炼金属的原理是（　　）。

① 待精炼的金属作阳极，在电解过程中溶解，以后又在阴极上析出纯金属

② 待精炼的金属作阴极，在电解过程中溶解，以后又在阳极上析出纯金属

5. 钢铁中所含杂质的电极电势比铁的电极电势值大时，则电化学腐蚀的是（　　）。

① 铁　② 杂质

6. 电化学保护法就是将被保护的金属作原电池的（　　）。

① 阳极　② 阴极　③ 正极　④ 负极

7. 金属腐蚀根据腐蚀原因的不同，可分为两种，即（　　）。

① 化学腐蚀和非化学腐蚀　② 化学腐蚀和电化学腐蚀　③ 化学腐蚀和空气腐蚀　④ 吸氧腐蚀和析氢腐蚀

自　测　题

一、填空题（每空 3 分）

1. 铜-锌原电池的电极名称为____________，电极反应为__________________，原理为

__________。电解 $CuCl_2$ 的电解槽电极名称为________，电极反应为________，原理为________。

2. 电极电势是表示构成电极的电对，在氧化还原反应中争夺电子能力______的一个量度。

3. $H_2O_2 + Cl_2 = 2HCl + O_2 \uparrow$

氧化剂为______，还原剂为______，______被氧化，______被还原。

4. 设电池反应为 $Zn + Cu^{2+} = Zn^{2+} + Cu$，分别写出两个半反应式：负极反应为________，正极反应为________。

5. 已知 $Cu^{2+} + 2e = Cu$，其中氧化态为______，还原态为______。

6. 已知 $E^{\ominus}(Fe^{3+}/Fe^{2+}) = 0.771V$，$E^{\ominus}(Cu^{2+}/Cu) = 0.337V$，则

反应 $2Fe^{3+} + Cu = 2Fe^{2+} + Cu^{2+}$ 进行的方向为______。

二、判断题（正确的在题后括号内画"√"，错误的画"×"）（每题 2 分）

1. $2KMnO_4 + 10FeSO_4 + 8H_2SO_4 \longrightarrow 2MnSO_4 + 5Fe_2(SO_4)_3 + K_2SO_4 + 8H_2O$ 反应中，$KMnO_4$ 是氧化剂，本身被还原。（　　）

2. $3Cu + HNO_3$(稀)$= 3Cu(NO_3)_2 + 2NO_2 + 4H_2O$（　　）

3. $Cu + 2HNO_3$(稀)$= Cu(NO_3)_2 + H_2 \uparrow$（　　）

4. 以石墨为电极，电解含氧酸盐的水溶液，从最终电解产物看同电解水一样，即 $2H_2O \xlongequal{电解} \underset{(阴极)}{2H_2 \uparrow} + \underset{(阳极)}{O_2 \uparrow}$（　　）

5. 已知 $H_2S + H_2O_2 = S \downarrow + 2H_2O$ 和 $H_2O_2 + Cl_2 = 2HCl + O_2 \uparrow$，以此说明 Cl_2 的氧化性比 H_2O_2 更强。（　　）

三、选择题（每题只有一个正确答案，将正确答案的序号填在题后的括号内）（每题 2 分）

1. 电解食盐水溶液，以石墨为电极，在阳极上得到的物质是（　　）。

① Cl_2　② NaCl　③ NaOH　④ H_2

2. 含有杂质的钢铁，当发生电化学腐蚀时，铁被腐蚀，这说明杂质的电极电势值比铁的（　　）。

① 大　② 小

四、问答题（每题 5 分）

1. 氧化还原反应的本质是什么？

2. 用化合价升降方法配平氧化还原反应方程式的原则有哪些？

3. 电极电势数值的相对大小及正负是如何规定的？

五、配平下列反应式（每题5分）

1. $S + HNO_3 \longrightarrow SO_2\uparrow + NO\uparrow + H_2O$

2. $KMnO_4 + HCl \longrightarrow MnCl_2 + Cl_2$

3. $HClO_3 + P_4 \longrightarrow HCl + H_3PO_4$

六、计算题（8分）

已知电解食盐水溶液的电解反应方程式为：

$2NaCl + 2H_2O = 2Na^+ + H_2\uparrow + 2OH^- + Cl_2\uparrow$（$Na^+$与$OH^-$最终产品以NaOH形式出现）

项　目	原　料	产　品	
		名　称	质量/g
原料用量	NaCl　1000g	氢气(H_2)	
	H_2O　g	氯气(Cl_2)	
		氢氧化钠(NaOH)	
合计	g	合计	

第八章　物质结构和元素周期律

第一节　原子结构

一、填空题

1. 原子核所带的正电荷总量等于核外电子所带的负电荷______，因此，原子是______的。
2. 一个质子带一个正电荷，因此，原子的质子总数应等于核外______总数。
3. 质子和中子的相对质量之和叫原子的______。
4. 填表

原子组成	质量数	质子数	中子数	电子数
$^{23}_{11}Na$				
$^{27}_{13}Al$				
$^{52}_{24}Cr$				

二、判断题（正确的在题后括号内画"√"，错误的画"×"）

1. 同一种元素的原子组成都是相同的。(　　)
2. 现已知道共有 116 种元素，也就是共有 116 种原子。(　　)
3. 原子核带一个正电荷，电子带一个负电荷，因此原子呈电中性。(　　)
4. 质子和中子的质量之和叫相对原子质量。(　　)
5. 决定原子质量的粒子主要是质子和中子。(　　)

三、选择题（每题只有一个正确答案，将正确答案的序号填在题后的括号内）

1. 决定元素种类的是（　　）。

① 核外电子　② 质子数　③ 质量数　④ 中子数

2. 质子数在一个原子中的作用是（　　）。

① 决定质量数　② 决定中子数　③ 决定原子的种类　④ 决定相对原子质量

3. 同位素的基本含义是（　　）。

① 不同种元素的原子含有相同的质子数，而中子数不同

② 不同种元素的原子含有不同的质子数，而中子数相同

③ 同种元素的原子含有相同的质子数，而中子数不同

④ 同种元素的原子含有不同的质子数，而中子数相同

4. 由$^{16}_{8}O$和$^{2}_{1}H$形成的重水（D_2O），10g 重水含有的中子个数为（　　）。

① $6.022\times10^{23}\times\frac{10}{18}$　　② $6.022\times\frac{10}{20}$

③ $6.022\times10^{23}\times\frac{10}{20}\times10$　　④ $6.022\times10^{23}\times10$

5. 下列物质中含有 10 个质子、10 个电子和 8 个中子的是（　　）。

① Ne　② H_2O　③ HF　④ NaCl

四、计算题

1. 硼元素在自然界有^{10}B和^{11}B两种同位素，经测定硼的相对原子质量是10.8，求这两种同位素的质量分数。

2. 溴有两种同位素，各占50%，已知溴的核电荷数为35，相对原子质量为80，求溴的两种同位素中子之和是多少？

3. 镁元素有三种同位素，其中$^{24}_{12}Mg$的质量分数为78.70%，$^{25}_{12}Mg$的质量分数为10.13%，$^{26}_{12}Mg$的质量分数为11.17%。求镁元素的相对原子质量。

4. 求36g H_2O与90g D_2O（重水）所含氧原子个数之比。

第二节　核外电子的运动状态

一、填空题

1. 原子核外电子的运动是按电子离核______和能量______分层排布的。

2. 在同一电子层中，每一种形状不同的电子云称为一个______，第一层有______个亚层，第二层有______个亚层，第三层有______个亚层，分别用字母____、____、____表示。

3. 同一形状的电子云，在空间有不同的伸展方向，如p亚层电子云呈哑铃形，有____个伸展方向，d亚层电子云有____个伸展方向，f亚层电子云有____个伸展方向。

4. 现代结构理论把电子云在空间每一个伸展方向完全确定的运动状态叫______，s亚层只有______个轨道，p亚层有______个轨道，d亚层有______个轨道，f亚层有______个轨道。

5. 理论研究证明，同一亚层不同伸展方向的轨道能量是______的，叫等价轨道。

二、判断题（正确的在题后括号内画“√”，错误的画“×”）

1. 1s表示电子云是一个球形，2s表示电子云是2个球形。（　　）

2. 1s是表示第一层的s亚层，2s是表示第二层的s亚层。（　　）

3. 描述核外电子运动状态的轨道是指核外电子运动出现概率密度最大的空间范围。（　　）

三、选择题（每题只有一个正确答案，将正确答案的序号填在题后的括号内）

1. 1s 与 2s 表示的共同点和不同点是（　　）。

① 表示都是一个球形的电子云，但 2s 表示 2 个球形

② 表示都是一个球形，但 1s 是表示第一层的亚层，2s 是表示第二层的亚层

③ 1s 表示一个球形，2s 表示 2 个球形

④ 都是球形，但 1s 表示轨道有 1 个电子，2s 表示轨道有 2 个电子

2. 确定一个轨道必须知道（　　）。

① 电子层数　② 电子层数和电子亚层　③ 电子层数、电子亚层和电子在空间的伸展方向　④ 电子亚层和电子云在空间的伸展方向

四、计算题

某元素的质量为 1.2g，与足够稀盐酸反应，在标准状态下制取 1.12L 氢气和 RCl_2 的盐，如该原子中质子和中子数相等，求质子数、中子数和核外电子数各是多少？是什么元素？相对原子质量是多少？

第三节　核外电子的排布

一、填空题

1. 决定轨道能量高低的因素，除了电子层数（n）外，还与电子云的______有关，如 $E(4s)<E(3d)$ 等，这种现象叫______。

2.

各电子层中电子的最大容纳量

电子层数	K	L		M			N			
n	1	2		3			4			
电子亚层	s	s	p	s	p	d	s	p	d	f
亚层轨道数										
轨道电子数										
每层电子总数										

二、判断题（正确的在题后括号内画“√”，错误的画“×”）

1. 根据能级图，$E(4s)<E(3d)$。（　　）

2. 同一电子层中，不同亚层的能量按 s<p<d<f 的次序依次增加。（　　）

3. 根据泡利不相容原理，原子核外电子按能量高低从低到高依次排布。（　　）

4. 根据能量最低原理，N 原子核外电子在 2p 轨道上排布为 $\overset{2p}{\boxed{\uparrow}\boxed{\uparrow}\boxed{\downarrow}}$。（　　）

5. 每一层有轨道数为 n^2 个。（　　）

6. 每一层电子最大容纳量为 $2n^2$ 个。（　　）

三、选择题（每题只有一个正确答案，将正确答案的序号填在题后的括号内）

1. 下列轨道离核最近、能量最小的是（　　）。

① 3s ② 3p ③ 3d ④ 4p

2. 从第一层到第二层共有轨道数（ ）个。

① 2 ② 3 ③ 4 ④ 5

3. 亚层中容纳电子数最多的是（ ）。

① s ② p ③ d ④ f

4. $^{23}_{11}Na$ 原子核外电子排布正确的是（ ）。

① $1s^2 2s^2 2p^7$ ② $1s^2 2s^3 2p^6$

③ $1s^2 2s^2 2p^6 3s^1$ ④ $1s^2 2p^2 3p^6 4s^1$

5. $^{52}_{24}Cr$ 原子核外电子排布正确的是（ ）。

① $1s^2 2s^2 2p^6 3s^2 3p^6 3d^5 4s^1$ ② $1s^2 2s^2 2p^6 3s^2 3p^6 3d^6 4s^2$

③ $1s^2 2s^2 2p^6 3s^2 3p^6 4s^2 3d^4$ ④ $1s^2 2s^2 2p^6 3s^2 3p^6 3d^7 4s^0$

四、问答题

1. 核外电子排布的三条规则的主要内容是什么？

2. 画出核外电子排布次序图

第四节　原子结构与元素周期表

一、填空题

1. 元素周期表有__个周期，标有 A 的有__纵列，标有 B 的有__纵列。

2. 元素及化合物的性质，随着核电荷数的增加，而呈____性的变化，这个规律叫______。

3. 主族元素的原子核外最外层电子数与它们所在主族序号____。

4. 第ⅠA 和第ⅡA 两个主族元素的化合价分别是____和____。

5. 在元素周期表中，主族元素的原子半径，从上到下，半径由____变____。而对同一周期元素原子半径是从左向右，随着核电荷数的____，原子半径由____变____。

二、判断题（正确的在题后括号内画“√”，错误的画“×”）

1. 主族元素在元素周期表中有如下规律。

(1) 同一周期元素的性质是从左到右金属性减弱，非金属性增强。（ ）

(2) 同一主族从上到下，金属性增强，非金属性减弱。（ ）

2. 元素的电负性数值的大小，表示在化学反应中争夺电子能力的大小。（ ）

3. 主族元素的最高正化合价与所在主族序号相同。（ ）

4. 第ⅤA 族最高正化合价是 5，负化合价是 3。（ ）

5. 主族元素的价电子分别是核外最外 s 和 p 轨道上的电子。（ ）

三、选择题（每题只有一个正确答案，将正确答案的序号填在题后的括号内）

1. 在元素周期表中最活泼的金属应位于周期表的（　　）。

① 左上角　② 左下角　③ 右上角　④ 右下角

2. 在元素周期表中最活泼的非金属应位于周期表的（　　）。

① 左上角　② 左下角　③ 右上角　④ 右下角

四、计算题

1. 有一主族元素 R，它在ⅥA 族，它在氢化物中的含量是 88.89%，求 R 的相对原子质量，并指明该元素的名称。

2. 15.6g 某金属跟水反应，在标准状态下生成 4.48L 氢气，在反应产物中显＋1 价，该金属原子中中子比质子多一个，求元素的相对原子质量，并指出元素名称。

第五、六节　分子结构　分子的极性

一、填空题

1. 在分子中相邻的原子或离子之间的强烈的相互作用力叫______，根据产生作用力的原因不同，可把化学键分为____、____和____三种。

2. 离子键是靠阴、阳离子之间的____引力的作用而形成的化学键。

3. 共价键是靠原子之间借用____电子对而形成的化学键。

4. 离子键无______性，无______性；而共价键有______性，有______性。

5. 形成共价键的条件必须是 A、B 两个原子都有未成对的______，而且自旋方向必须______。

二、判断题（正确的在题后括号内画“√”，错误的画“×”）

1. 对所有的分子来说，都是键的极性和分子的极性一致。（　　）

2. 对双原子组成的分子，一般是键的极性与分子的极性一致。（　　）

3. 对多原子组成的分子，虽然键是极性键，但由于分子内部电荷分布均匀，因此分子是非极性分子。（　　）

三、选择题（每题只有一个正确答案，将正确答案的序号填在题后的括号内）

1. 下列物质，属于离子化合物的是（　　）。

① NaCl　② H_2O　③ N_2　④ NH_3

2. 下列化合物，具有离子键、共价键和配位键的是（　　）。

① NaCl　② NH_4Cl　③ H_2O　④ H_2

3. 指明极性分子（　　）和非极性分子（　　）。

① H_2O　② CH_4

4. 下列各组元素不能形成 AB_2 型分子的是（　　）。

① C 与 O　② Na 与 S　③ K 与 Cl　④ Cu 与 S

5. 具有极性键的非极性分子是（　　）。

① H_2O　② NH_3　③ CO_2　④ HCl

四、计算题

主族元素 R，它的氢化物为 RH_3，它的最高正化合价的氧化物含氧为 74.07%（质量分数），求该元素的相对原子质量，并指明该元素名称。

第七节　晶　　体

一、填空题

1. 构成物质的微粒在空间有规则地排列所形成的几何____体的固体叫晶体。它可分为____晶体、____晶体、____晶体和____晶体四种。

2. 原子间靠共价键形成的晶体叫____晶体。

3. 通过分子之间的力形成的晶体叫____晶体。

4. 靠金属键形成的晶体叫____晶体。

5. 金属的某些性质，如良好的导热性、导电性和延展性等，都与金属晶体中存在____有关。

二、判断题（正确的在题后括号内画“√”，错误的画“×”）

1. 原子晶体具有较高的熔点和硬度。（　　）

2. 原子晶体由于没有自由电子存在，所以不导电。（　　）

3. 分子晶体一般都是沸点和熔点较低。（　　）

4. 石墨由于有自由电子存在，所以导电。（　　）

5. 分子间的作用力叫范德华力，它比化学键能量要小得多。（　　）

三、选择题（每题只有一个正确答案，将正确答案的序号填在题后的括号内）

1. 熔点较低、硬度较小的晶体类型是（　　）。

① 原子晶体　② 分子晶体　③ 离子晶体　④ 金属晶体

2. 属于分子之间的力形成的晶体类型是（　　）。

① 分子晶体　② 离子晶体　③ 原子晶体　④ 金属晶体

3. 下列晶体中属于原子晶体的是（　　）。

① NaCl 晶体　② 金刚石晶体　③ CO_2 晶体

4. 下列晶体中属于分子晶体的是（　　）。

① 固体二氧化碳　② NaCl 晶体　③ 金属晶体

5. 下列晶体中不属于分子晶体的是（　　）。

① 固体二氧化碳　② 尿素　③ 固体碘　④ NaCl 晶体

四、计算题

已知主族元素 R 原子，核外有 16 个中子，最高正化合价与负化合价绝对值相差 2，气态氢化物中氢的质量分数为 8.8%，求 R 原子的相对原子质量，并指明该元素名称。

第八节　配合物的基本概念

一、填空题

1. $[Cu(NH_3)_4]SO_4$ 分子中，$[Cu(NH_3)_4]^{2+}$ 叫____离子，是配合物的____界，其中 NH_3 叫____，而 NH_3 中的 N 叫________，Cu^{2+} 叫________。

2.

分子式	$[Cu(NH_3)_4]Cl_2$	$K_2[Zn(OH)_4]$	
命名			氯化一氯五氨合钴(Ⅲ)

二、判断题（正确的在题后括号内画“√”，错误的画“×”）

1. 配合物中，外界带有与配离子相反的电荷，而且数量相等。(　　)

2. 在水中 $[Cu(NH_3)_4]SO_4 \rightleftharpoons [Cu(NH_3)_4]^{2+} + SO_4^{2-}$。(　　)

三、选择题（每题只有一个正确答案，将正确答案的序号填在题后的括号内）

1. 下列物质不是配合物的是（　　）。

① $K_4[Fe(CN)_6]$　② $[Cu(NH_3)_4]SO_4$　③ $CuSO_4 \cdot 5H_2O$　④ $[Co(NH_3)_5]SO_4$

2. 在 $[Cu(NH_3)_4]SO_4$ 分子中，中心离子是（　　）。

① NH_3　② Cu　③ Cu^{2+}　④ $[Cu(NH_3)_4]^{2+}$

四、问答题

在 $[Cu(NH_3)_4]SO_4$ 水溶液中，加入 $BaCl_2$ 能产生 $BaSO_4$ 沉淀，而加 NaOH 为什么不能产生 $Cu(OH)_2$ 沉淀？

自　测　题

一、填空题（33 分）

1. 原子核是由______和______组成，一个质子带一个______，中子______。

2. 同位素是同一类元素，质子数相同，而中子数______的一类原子。

3. 每一个轨道最多只能容纳______个电子。

4. 泡利原理就是说每一个轨道只能容纳 2 个______方向相反的电子。

5. 主族元素最外层电子构型为 ns^2np^5，应位于______主族。

6. 如 A 与 B 都有两个未成对而且自旋方向相反的电子，能形成______个共价键。

7. 形成共价键的电子云必须实现______，电子云重叠越多，则共价键越______。

8. 在原子晶体的晶格上整齐地排列着______，原子之间靠______结合成晶体。原子晶体一般都有较高的______和______。

9. 标出配合物分子结构名称及化学键名称

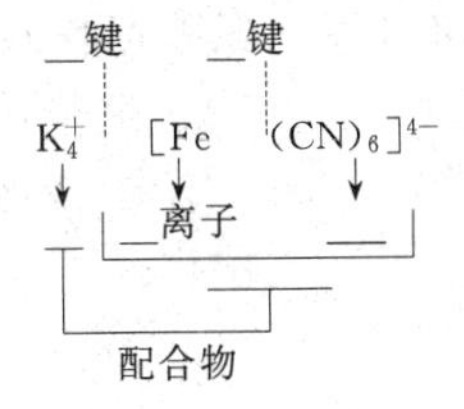

二、判断题（正确的在题后括号内画“√”错误的画“×”）（每题 2 分）

1. 质子数＝核外电子数＝核电荷数。(　　)

2. 每一层电子可容纳电子总数为 $2n^2$ 个。

3. 洪特规则说，在等价轨道上电子尽量占有不同的轨道而且电子自旋方向相反。(　　)

4. 元素周期表中 112 种元素是按相对原子质量增加依次排列在周期表中。(　　)

5. 主族元素原子的最高正化合价等于所在主族序号。(　　)

6. 元素的电负性的相对大小的规定是以______为 4，______为 1，电负性数值越大，则非金属性越强。(　　)

7. 离子键没有方向性和饱和性，而共价键有方向性和饱和性。(　　)

8. 多原子组成的分子的极性不仅与键的极性有关，而且还与分子的空间构型有关。(　　)

9. 由中心离子和配位体形成的复杂离子叫配离子，包含配离子的化合物叫配合物。(　　)

三、选择题（每题只有一个正确答案，将正确答案的序号填在题后的括号内）（每题 1.5 分）

1. 决定元素种类的是（　　）。

① 中子数　② 质子数　③ 电子数　④ 相对分子质量

2. 下列粒子具有与 Ne（$1s^2 2s^2 2p^6$）相同电子构型的是（　　）。

① F　② Na　③ Na^+　④ Cl

3. 下列粒子属于原子的是（　　）。

① 11 个质子、12 个中子、10 个电子　② 10 个质子、10 个中子、9 个电子

③ 11 个质子、10 个中子、10 个电子　④ 8 个质子、8 个中子、8 个电子

4. 同位素的特征是（　　）。

① 不同元素有相同的中子数　② 不同元素有不同中子数

③ 相同元素有不同中子数　④ 相同元素有相同中子数

5. 第ⅤA 族元素原子的最外层电子构型为（　　）。

① s^2p^2　② s^3p^2　③ s^2p^3　④ s^1p^4

6. 配位键的形成是（　　）。

① 由两个原子提供电子对形成的配位键　② 由一个原子提供的电子对形成的共价键

③ 靠自由电子形成的化学键　④ 靠阴、阳离子的静电引力形成的化学键

7. 有配位键的化合物是（　　）。

① NaCl　② H_2O　③ NH_4Cl　④ N_2

8. 属于离子晶体的是（　　）。

① NaCl　② 固体 CO_2　③ 金刚石

9. 配合物命名一般必须包含下列内容（多项选择）：(　　)

① 中心离子名称和化合价　② 配位体名称、化合价和数目

③ 配位体名称和化合价　④ 配位体名称和数目

⑤ 外界离子名称

四、问答题（每题 2 分）

1. 核外电子排布的一般规律是什么？

2. $_{24}Cr$ 的核外电子排布为 $1s^2 2s^2 2p^6 3s^2 3p^6 3d^5 4s^1$ 的根据是什么？

3. N 原子的核外电子在 2p 轨道上这样排布 | ↑ | ↑ | ↑ | 的根据是什么？

4. 在元素周期表中同一周期、同一主族，元素的金属性和非金属性的一般变化规律是什么？

5. 根据溶解的相似相溶理论，说明为什么离子型化合物都易溶于水？

6. 为什么金属随温度升高导电性能下降？

7. 分别写出鉴定 Fe^{2+} 和 Fe^{3+} 的反应式并标明颜色。

8. 在 $[Cu(NH_3)_4]SO_4$ 水溶液中加入 $BaCl_2$ 产生白色沉淀，请写出反应的离子方程式。

9. 命名 $K_2[HgI_4]$。

五、计算题（每题 7 分）

1. 已知某元素 X 的原子核内有质子数 35 个，有两种同位素，其中子数分别是 44 和 46，而 X 原子的相对原子质量为 80，求两种同位素的质量分数，并用 $^{A}_{Z}X$ 形式表示出这两种同位素。

2. 有一主族元素 R，它的最高正化合价氧化物为 R_2O，每 12g 的氢氧化物正好与 400mL 0.75mol·L^{-1} HCl 中和，R 原子中质子数比中子数少一个，求该元素的相对原子质量，并指明元素名称。

第九章 卤 素

第一节 卤素及其通性

一、填空题

1. 卤素包括______、______、______、______、______五种元素，位于元素周期表的ⅦA族，最外层电子构型为______。

2. 卤素的氧化能力按 $F_2 \rightarrow Cl_2 \rightarrow Br_2 \rightarrow I_2$ 的次序______。

3. 卤素的化学性质非常活泼，但从氟到碘活泼性______。

4. 卤素的沸点按 $F_2 \rightarrow Cl_2 \rightarrow Br_2 \rightarrow I_2$ 的次序______。

二、判断题（正确的在题后括号内画“√”，错误的画“×”）

1. 卤素与活泼金属反应形成的卤化物都是盐。（　　）

2. 卤素原子的最外层电子构型比相邻的惰性气体元素的最外层电子构型仅仅多了一个电子。（　　）

3. 卤素的熔点、沸点都随其相对分子质量的增大而升高。（　　）

4. $2KCl + Br_2 \xlongequal{} 2KBr + Cl_2$（　　）

三、选择题（每题只有一个正确答案，将正确答案的序号填在题后的括号内）

1. 下列化合物中卤素属于+7价的是（　　）

① NaCl　② HClO　③ $HClO_3$　④ $HClO_4$

2. 属于歧化反应的是（　　）。

① $H_2 + Cl_2 \xlongequal{} 2HCl$　② $H_2O + Cl_2 \xlongequal{} HCl + HClO$

③ $2P + 3Cl_2 \xlongequal{} 2PCl_3$　④ $2S + Cl_2 \xlongequal{} S_2Cl_2$

第二节 氯及其化合物

一、填空题

1. 氯元素在元素周期表中位于第______周期，原子核最外层电子构型为______，它的负化合价为______，最高正化合价为______。

2. 氯与水反应生成氯水，反应式为 $H_2O + Cl_2 \rightleftharpoons HCl + HClO$，因此氯水中含有______、______、______和______四种物质。

3. 氯的含氧酸有______、______、______和______。

二、判断题（正确的在题后括号内画“√”，错误的画“×”）

1. 干燥的氯气才有漂白作用。（　　）

2. 实验室制取氯气都用排水取气法收集氯气。（　　）

3. 氯化氢就是盐酸。（　　）

三、选择题（每题只有一个正确答案，将正确答案的序号填在题后的括号内）

1. 在氯的含氧酸中，酸性最强的是（　　）。

① HClO　② $HClO_2$　③ $HClO_3$　④ $HClO_4$

2. 下列化合物分子中，带正电荷的Cl是（　　）。

① NaCl　② NaClO　③ KCl　④ HCl

3. 漂白粉在空气中存放失效的原因是（　　）。

① 空气中水分　② 空气中灰尘　③ 空气中CO_2　④ 空气中O_2

四、计算题

1. 已知$MnO_2+4HCl \xlongequal{} MnCl_2+Cl_2+2H_2O$，如制取0.71g的氯气，需$MnO_2$多少克？需质量分数为32%的盐酸溶液多少克？

2. 如果使28.4g的氯气与足够的氢气反应，生成HCl完全溶于水，问能制得浓度为$2mol \cdot L^{-1}$的盐酸溶液多少毫升？

第三节　氟、溴、碘及其化合物

一、填空题

1. 氟是卤素中氧化能力______的元素。

2. HF、HBr、HI都易溶于水，其水溶液的酸性按HF→HBr→HI的次序______。

3. 卤素氢化物按HF→HCl→HBr→HI的次序还原性______。

4. 由于HBr、HI能被H_2SO_4氧化，因此制取HBr和HI时不能用相应的盐与______酸反应。

二、判断题（正确的在题后括号内画"√"，错误的画"×"）

1. $NaBr+H_2SO_4 \xlongequal{} NaHSO_4+HBr\uparrow$（　　）

2. 在实验室常用玻璃瓶盛放氢氟酸。（　）

3. 氢氟酸是弱酸，因此它能被所有的酸氧化。（　　）

4. 氟是所有元素中氧化性最强的元素，因此它不能被其他元素氧化。（　　）

三、计算题

1. 已知$CaF_2+H_2SO_4 \xlongequal{} CaSO_4+2HF\uparrow$，试计算含$CaF_2$ 80%（质量分数）的萤石9.75g与足够的浓硫酸反应，能生成HF多少克？物质的量又是多少？

2. 已知 $NaCl+H_2SO_4 = NaHSO_4+HCl$，如将 11.7g NaCl 与足够的浓硫酸反应，问生成的 HCl 溶于水后，至少需质量分数为 10%的 NaOH 溶液多少克才能完全中和？

四、现有三个瓶分别盛有 Cl_2、HCl 和 HBr 三种气体，不用其他试剂，如何能将这三瓶气体鉴定出来，并写出鉴定步骤和反应方程式。

五、现有 MnO_2、KCl、KBr、Mg 和硫酸五种原料，如何制取盐酸、氯气、溴、氯化镁、溴化镁，分别写出制取反应方程式。

第十章　碱金属与碱土金属

第一、二节　碱金属及其通性　钾、钠及其化合物

一、填空题

1. 碱金属包括______、______、______、______、______和______六种元素，位于元素周期表ⅠA族，最外层只有______个电子，极易______，表现出很强的______性。

2. 碱金属的化学活泼性按 Li→Na→K→Rb→Cs 的次序______。

3. 钾、钠的氢氧化物都是强______。

4. $Na_2O_2+2H_2O$ ══ __________________。

　$Na_2O_2+H_2SO_4$ ══ ________________。

二、判断题（正确的在题后括号内画"√"，错误的画"×"）

1. 由于碱金属只有一个电子，所以易失去一个电子变成+1价的离子。（　　）

2. 碱金属极易失去一个价电子，变成+1价的离子，几乎能和所有的元素相化合形成离子型化合物。（　　）

3. 钾、钠在空气中燃烧都能生成氧化物。（　　）

4. 在实验室中常常把金属钾、钠放在水中保存。（　　）

5. 在实验室都把装有氢氧化钠溶液的玻璃瓶用玻璃瓶塞盖好，以防空气中 CO_2 被碱吸收。（　　）

三、选择题（每题只有一个正确答案，将正确答案的序号填在题后的括号内）

1. 能吸收 CO_2 的物质是（　　）。

① NaCl　② NaOH　③ Na_2SO_4　④ $NaNO_3$

2. 盛有氢氧化钠的玻璃瓶不能用玻璃塞子的原因是（　　）。

① 能使 CO_2 气吸入　② 能使水分吸入

③ 由于 NaOH 与玻璃反应，能把玻璃塞子与瓶子粘在一起

3. 含有钾离子的化合物在火焰中呈（　　）。

① 黄色　② 淡黄色　③ 紫色　④ 深紫色

4. 含有钠离子的化合物在火焰中呈（　　）。

① 紫色　② 淡紫色　③ 黄色　④ 淡黄色

5. 不抗氢氧化钠腐蚀的物质有（　　）。

① Al 与 Pt　② Fe　③ Ag 和 Ni

四、计算题

1. 已知 $2KClO_3 \xrightarrow[MnO_2]{\triangle} 2KCl+3O_2\uparrow$ 和 $2Na_2O_2+2CO_2 = 2Na_2CO_3+O_2\uparrow$，比较一下制取同样质量的氧气，$KClO_3$ 与 Na_2O_2 消耗的质量比是多少？

2. 1g Na_2O_2 在标准状态下能与多少升 CO_2 反应？

第三节 碱土金属及其通性

一、填空题

1. 碱土金属包括______、______、______、______、______和______六种元素，位于元素周期表ⅡA族，最外层电子构型为______，故在化学反应中显______价。

2. 碱土金属与氧反应，一般不生成______，而生成______。

3. $CaCO_3 + CO_2 + H_2O =\!=\!=$ __________________。

4. 碱土金属的氢氧化物的碱性按 Be 到 Ba 的次序____。

二、判断题（正确的在题后括号内画"√"，错误的画"×"）

1. 碱土金属的氢氧化物都是强碱。（　　）

2. 碱土金属由于最外电子层只有 2 个电子，易失去，呈+2 价的离子，其化学活泼性比同周期的碱金属强。（　　）

3. 医院常用 $BaCl_2$ 作胃肠 X 光透视试剂。（　　）

4. 由于 $2NaHCO_3 \xlongequal{\triangle} Na_2CO_3 + CO_2\uparrow + H_2O$，所以工业 Na_2CO_3 中含有少量 $NaHCO_3$ 时常用加热办法进行提纯。（　　）

5. $Be(OH)_2$ 属于两性氢氧化物。（　　）

三、选择题（每题只有一个正确答案，将正确答案的序号填在题后的括号内）

1. 属于强碱的氢氧化物是（　　）

① $Be(OH)_2$　② $Mg(OH)_2$　③ $Ba(OH)_2$　④ $NH_3 \cdot H_2O$

2. 由于 $Ba^{2+} + SO_4^{2-} =\!=\!= BaSO_4\downarrow$，故分析化学常用这一反应（　　）。

① 为指示剂　② 作氧化剂　③ 作还原剂　④ 检验溶液中有无 SO_4^{2-} 或 Ba^{2+} 存在

3. 在分析化学中，用以鉴别碳酸盐存在的反应是（　　）。

① $CaCO_3 + CO_2 + H_2O =\!=\!= Ca(HCO_3)_2$

② $CaCO_3 + 2H^+ =\!=\!= Ca^{2+} + CO_2\uparrow + H_2O$

③ $Ca(HCO_3)_2 \xlongequal{\triangle} CaCO_3 + CO_2\uparrow + H_2O$

四、计算题

1. 把 2.74g Na_2CO_3 与 $NaHCO_3$ 混合物（不含水）加热到恒重时，减少了 0.62g，试求两种物质的质量分数。

2. 100g $NaHCO_3$ 与 Na_2CO_3 混合物，与足够稀盐酸反应，在标准状态下生成 22.4L CO_2 气体，求两种物质的质量分数。

第四、五节　镁、钙及其化合物　硬水及其软化

一、填空题

1. 含有碱土金属的化合物能使火焰有特征颜色，如钙元素的火焰呈______色，锶元素的火焰呈______色，钡元素的火焰呈______。

2. 含有一定量的______盐和______盐的水叫硬水，1 个硬度相当于在 1L 水中含有 10mg 的______。

3. 如水中的钙、镁盐以碳酸氢盐形式存在，这种水叫______硬水，反之以硫酸盐和氯化物形式存在的钙、镁盐的水叫______硬水。

4. 除掉硬水中可溶性的钙、镁盐的过程叫______，除掉钙、镁可溶性盐的水叫______。

二、判断题（正确的在题后括号内画“√”，错误的画“×”）

1. $Ca(OH)_2$ 的溶解度随温度升高而增加。（　　）

2. $Ca(OH)_2$ 溶液能吸收 CO_2 并生成难溶的 $CaCO_3$，使溶液变混浊，故在分析化学中常用这一反应鉴别 CO_2 的存在。（　　）

3. 实验室常用无水 $CaCl_2$ 干燥乙醇和氨气。（　　）

4. $Ca(HCO_3)_2 \xlongequal{\triangle} CaCO_3 + CO_2\uparrow + H_2O$（　　）

三、选择题（每题只有一个正确答案，将正确答案的序号填在题后的括号内）

1. 含有 $Mg(HCO_3)_2$、$Ca(HCO_3)_2$ 的硬水，在软化时应首先采用（　　）。

① 离子交换树脂　② 石灰-纯碱法　③ 煮沸法

2. 硬水的硬度（　　）

① 大于 8 度　② 小于 8 度　③ 8～16 度　④ 16～28 度

四、完成下列问题

1. 有四只试管分别装有 $CaCO_3$、$CaSO_4$、$CaCl_2$ 和 $Ca(OH)_2$ 溶液，问如何用化学方法鉴定区分开，并写出步骤和反应方程式。

2. 完成下列各步反应：

(1) $MgCl_2 \underset{②}{\overset{①}{\rightleftharpoons}} Mg \xrightarrow{③} Mg(OH)_2$

$MgCl_2 \xrightarrow{④} MgCO_3$（④ 为由 $MgCl_2$ 向下的箭头）

$MgCO_3 \xrightarrow{⑤} Mg(NO_3)_2 \xrightarrow{⑥} MgO$

(2) $CaCO_3 \underset{②}{\overset{①}{\rightleftharpoons}} CaO \xrightarrow{③} Ca(NO_3)_2$

$CaCO_3 \xrightarrow{④} CaCl_2 \xrightarrow{⑤} Ca \xrightarrow{⑥} Ca(OH)_2$

3. 解释石灰（CaO）生产过程中为什么要控制高温和良好的通风条件使生成的 CO_2 气体尽量多排快排？

自　测　题

一、填空题（42 分）

1. 碱金属最大的特点是密度______，熔点、______和硬度______，这些都与碱金属的原子最外层只有一个______，形成的金属键较______有关。

2. 碱金属元素的原子从 Li 到 Cs，由于电子层______，原子半径______，致使核外电子受到核的作用力______，因而失去电子的能力逐渐______。

3. 碱土金属原子最外层电子构型比相邻的碱金属多______个电子，因此碱土金属最外层电子构型为______。

4. 表示硬水中含有可溶性盐的多少叫______。1 个硬度相当在 1L 水中含有______的 CaO。

二、选择题（每题只有一个正确答案，将正确答案的序号填在题后的括号内）（每题 4 分）

1. 对人畜有害的盐是（　　）。

① NaCl　② $BaSO_4$　③ $CaSO_4$　④ $BaCl_2$

2. 加热能分解的盐是（　　）。

① $CaCO_3$　② $NaHCO_3$　③ $CaCl_2$　④ $Ca(OH)_2$

3. $CaCO_3 \rightleftharpoons CaO + CO_2\uparrow - Q$，有利于提高 CaO 产量的反应条件是（　　）。

① 低温加压　② 高温加压　③ 低温通风　④ 高温排 CO_2 气

4. 可以用无水 $CaCl_2$ 干燥的物质是（　　）。

① 空气　② 氨气（NH_3）　③ 乙醇

5. 碳酸氢盐比对应的碳酸盐热稳定性（　　）。

① 差　② 强

三、问答题（每题 10 分）

1. 为什么硬水中含有碳酸氢盐？

2. 为什么硬水需软化？写出用离子交换树脂进行软化的反应方程式。

四、计算题（18 分）

煅烧 143kg 含 $CaCO_3$ 质量分数为 70％的石灰石，问能生产多少 CaO 和 CO_2（在标准状态下的体积）？

第十一章 氧族元素

第一、二节 氧族元素及其通性 氧及其化合物

一、填空题

1. 氧族元素包括______、______、______、______和______五种元素，位于元素周期表ⅥA族，其中______是一种稀有放射性元素，______、______是稀有分散元素。

2. 氧族元素原子的最外层电子构型为______，共有______个价电子。除氧外，硫、硒、碲三种元素都能形成最高正______价的化合物。

3. 氧族元素从上到下随着原子半径增大，非金属性______，而金属性______。

4. 氧的同素异形体叫______，分子式为______。

二、判断题（正确的在题后括号内画"√"，错误的画"×"）

1. 氧能形成两种氢化物，一种是 H_2O，另一种是 H_2O_2。（　　）

2. 氧族元素由于最外层电子构型为 ns^2np^3，都能形成+6 价的化合物。（　　）

三、选择题（每题只有一个正确答案，将正确答案的序号填在题后的括号内）

1. H_2O_2 在反应中作氧化剂的反应是（　　）。

① $H_2O_2+Cl_2 = 2HCl+O_2\uparrow$　② $H_2S+H_2O_2 = S\downarrow+2H_2O$

2. 臭氧的颜色是（　　）。

① 淡蓝色　② 无色

四、计算题

1. 已知 $2KI+O_3+H_2O = 2KOH+I_2\downarrow+O_2\uparrow$，现有臭氧和氧气的混合物 0.448L（标准状态）与足量的 KI 溶液反应，析出 I_2 0.354g，求两种气体的体积分数。

2. 已知 $2KMnO_4+3H_2SO_4+5H_2O_2 = K_2SO_4+2MnSO_4+5O_2\uparrow+8H_2O$，现有过氧化氢水溶液 8.5g 与 $KMnO_4$ 反应，共消耗了 $KMnO_4$ 0.316g，求过氧化氢水溶液的质量分数。

第三、四节　硫及其化合物　硫酸及其盐

一、填空题

1. 由于硫的最高正化合价为+6，负化合价为－2，因此 $\overset{+4}{S}$ 具有______性和______性。

2. H_2S 或氢硫酸都具有______性。

3. 分别标出 SO_2 作还原剂、作氧化剂的反应方程式：

(1) $3SO_2+2HNO_3+2H_2O \xlongequal{} 3H_2SO_4+2NO\uparrow$ （　　）

(2) $SO_2+2H_2S \xlongequal{} 2H_2O+3S\downarrow$ （　　）

二、判断题（正确的在题后括号内画"√"，错误的画"×"）

1. 在实验室里常用 HNO_3 与 FeS 反应制取 H_2S 气体。（　　）

2. 浓硫酸在用水稀释时，为防止硫酸飞溅伤人，因此必须是把浓硫酸倾入水中。（　　）

3. 浓硫酸具有一切酸的通性，它与活泼金属反应，也能生成氢气。（　　）

4. 硫酸盐受热分解都能产生金属氧化物。（　　）

5. $Na_2S_2O_3$ 分子中由于有一个硫是－2 价，因此 $Na_2S_2O_3$ 具有氧化性。（　　）

三、选择题（每题只有一个正确答案，将正确答案的序号填在题后的括号内）

1. 实验室用 FeS 与（　　）反应制取 H_2S。

① 稀盐酸　② 浓硝酸　③ 浓硫酸　④ 稀硝酸

2. 下列气体能与浓 H_2SO_4 反应的是（　　）。

① HCl　② O_2　③ H_2　④ H_2S

3. 下列酸可以用铁制容器盛装的是（　　）。

① 浓硫酸　② 稀硫酸　③ 盐酸　④ 硝酸

4. 下列 SO_2 与其他物质的反应中，SO_2 作氧化剂的反应是（　　）。

① $H_2O+SO_2 \xlongequal{} H_2SO_3$　　② $CaO+SO_2 \xlongequal{} CaSO_3$

③ $2SO_2+O_2 \xlongequal{} 2SO_3$　　④ $SO_2+2H_2S \xlongequal{} 2H_2O+3S\downarrow$

四、完成下列各步反应方程式

$$SO_2 \xleftarrow{③} S \xrightarrow{②} H_2S \underset{⑤}{\overset{④}{\rightleftharpoons}} Na_2S$$

$$S \uparrow ①\ (\text{from } FeS_2)\qquad H_2S \downarrow ⑧\ (\text{to } SO_2)$$

$$FeS_2 \xrightarrow{⑥} SO_2 \xrightarrow{⑦} CaSO_3$$

五、计算题

1. 已知 $4FeS_2+11O_2 \xlongequal{} 2Fe_2O_3+8SO_2$，现有 0.5g 硫铁矿（$FeS_2$）经充分燃烧得到 0.112L SO_2（标准状态），求矿石中硫的质量分数。

2. 已知 $Na_2S_2O_3 + 4Cl_2 + 5H_2O \xlongequal{} Na_2SO_4 + H_2SO_4 + 8HCl$，现有在标准状态下 44.8L 的氯气通入足量的 $Na_2S_2O_3$ 溶液中，计算能生成 HCl 和 H_2SO_4 的物质的量各是多少？

第十二章　氮 族 元 素

第一、二节　氮族元素及其通性　氨及其化合物

一、填空题

1. 氮族元素包括______、______、______、______和______五种，位于元素周期表ⅤA族，最外层电子构型为______，共有______个价电子，在化学反应中易形成正______价和负______价化合物。

2. 氮族元素从 N→Bi，金属性______，非金属性______。

3. 氨的水溶液称______，它具有______性。

4. 氨与酸反应生成的化合物叫______盐，而把 NH_4^+ 叫______。

5. $(NH_4)_2SO_4 \xlongequal{\triangle}$ ________________

$(NH_4)_3PO_4 \xlongequal{\triangle}$ ________________

$NH_4Cl \xlongequal{\triangle}$ ________________

二、判断题（正确的在题后括号内画“√”，错误的画“×”）

1. 氨的水溶液呈碱性，是由于 $NH_3 + H_2O \rightleftharpoons NH_4^+ + OH^-$。（　　）

2. 氨的水溶液叫氨水，一般含 NH_3 为 25%。（　　）

3. 铵盐加热分解都能生成氨和酸。（　　）

4. 液氨与氨水是同一种物质。（　　）

三、选择题（每题只有一个正确答案，将正确答案的序号填在题后的括号内）

1. 下列氮的氧化物中氮是+5 价的化合物是（　　）。

① NO_2　② N_2O_4　③ N_2O_3　④ N_2O_5

2. 下列铵盐加热分解，氨与酸一齐挥发，遇冷又可重新生成铵盐的分解反应是（　　）。

① $NH_4Cl \xlongequal{\triangle} NH_3\uparrow + HCl\uparrow$　　② $(NH_4)_2SO_4 \xlongequal{\triangle} NH_3\uparrow + NH_4HSO_4$

③ $NH_4NO_3 \xlongequal{\triangle} N_2O + 2H_2O$　　④ $(NH_4)_3PO_4 \xlongequal{\triangle} 3NH_3 + H_3PO_4$

3. 氮族元素中具有两性的元素是（　　）。

① N　② P　③ As　④ Sb

4. 铵盐水溶液能与下列物质反应生成氨气的是（　　）。

① NaCl　② KNO_3　③ $BaCl_2$　④ $Ca(OH)_2$

四、计算题

1. 生产 $(NH_4)_2SO_4$ 20t，需多少吨含 NH_3 25%（质量分数）的氨水？

2. 在标准状态下，一个体积的水能溶解350个体积的氨，此时溶液的密度为0.923kg·L^{-1}，求该溶液的质量分数和物质的量浓度各是多少？

五、问答题

1. 如何鉴定铵盐的存在？

2. 在氨水中有哪些粒子？

第三、四节　硝酸及其硝酸盐　磷、磷酸及其磷酸盐

一、填空题

1. 硝酸不稳定，易分解，反应式为：$4HNO_3 ═══$＿＿＿＿＿＿＿＿＿。

2. ＿＿＿Cu＋＿＿＿HNO_3(稀)═══＿＿＿$Cu(NO_3)_2 + 2NO + 4H_2O$

3. 磷有几种同素异形体，但主要有两种：＿＿＿＿＿＿和＿＿＿＿＿＿。

4. 硝酸与浓盐酸物质的量之比为1∶3的混合酸叫＿＿＿＿＿＿。

二、判断题（正确的在题后括号内画"√"，错误的画"×"）

1. 因为在化学反应中，HNO_3浓度越稀，氮的化合价降低得越多，因此稀硝酸的氧化性比浓硝酸强。（　　）

2. 硝酸盐加热分解，都能生成氧气。（　　）

3. 磷的含氧酸只有H_3PO_4。（　　）

4. 磷酸可以形成三种盐，如Na_3PO_4、Na_2HPO_4、NaH_2PO_4。（　　）

三、选择题（每题只有一个正确答案，将正确答案的序号填在题后的括号内）

1. 工业硝酸的颜色呈红棕色的原因是（　　）。

① 含有杂质（如铁）　② 含有NO_2　③ 含有NO

2. 硝酸盐加热分解能生成亚硝酸盐的是（　　）。

① $Pb(NO_3)_2$　② $AgNO_3$　③ KNO_3　④ $Cu(NO_3)_2$

3. 能在空气中自燃的物质是（　　）。

① NH_3　② P_2H_4　③ PH_3　④ Ca_3P_2

4. 焦磷酸（$H_4P_2O_7$）的形成是由于磷酸（　　）。

① 分子间脱水反应　② 分子内脱水反应

5. 不能用HNO_3与Na_2SO_3反应制取SO_2的原因是（　　）。

① 因SO_2能氧化HNO_3　② SO_2能被HNO_3氧化生成H_2SO_4

③ 二者不发生化学反应　④ 易燃烧

四、计算题

1. 现有 $1mol \cdot L^{-1}$ H_3PO_4 溶液 100mL，问需加入多少克的 NaOH 才能分别生成 Na_3PO_4、Na_2HPO_4 和 NaH_2PO_4？

2. 用 10g P_2O_5 与水反应，并配成 2L H_3PO_4 溶液，求此溶液的物质的量浓度。

五、完成下列反应方程式

① $Cu+HNO_3$（浓）

② $Zn+HNO_3$（极稀）

③ $NaNO_3 \xlongequal[分解]{\triangle}$

④ $2Pb(NO_3)_2 \xlongequal[分解]{\triangle}$

⑤ $2AgNO_3 \xlongequal[分解]{\triangle}$

第十三章 碳族元素

第一、二节 碳族元素及其通性 碳及其化合物

一、填空题

1. 碳族元素包括______、______、______、______和______五种元素，位于元素周期表ⅣA族，最外层电子构型为________，共有______个价电子，最高正价为______，负价为______。

2. 碳族元素，其中锗是半金属，而锡、铅是______。

3. 一般是酸式碳酸盐比碳酸盐有较______的溶解度。

4. 一切碳酸盐与酸反应都能生成______和______。

5. 侯氏联合制碱法的优点是不用______，不生成废物______。

二、判断题（正确的在题后括号内画“√”，错误的画“×”）

1. 碳族元素共有碳、硅、锗、锡、铅五种金属元素。（ ）

2. 碳族元素的化学性质从碳到铅金属性增强，非金属性减弱。（ ）

3. 碳有三种同位素，即金刚石、石墨、无定形碳。（ ）

4. 碳酸氢盐的热稳定性比对应的碳酸盐的热稳定性大。（ ）

5. CO_2 气体对人畜都无害。（ ）

三、选择题（每题只有一个正确答案，将正确答案的序号填在题后的括号内）

1. 碳族元素中属于类金属的是（ ）。

① 硅 ② 锡 ③ 铅 ④ 锗

2. 碳族元素的氧化物的水化物酸性最强的是（ ）。

① H_2CO_3 ② H_2SiO_3 ③ $Ge(OH)_2$ ④ $Sn(OH)_2$

3. 人们称电石的碳化物是（ ）。

① CS_2 ② CaC_2 ③ SiC ④ CCl_4

4. CO 具有还原性的原因是（ ）。

① CO 有毒 ② CO 易溶于水 ③ CO 分子中 $\overset{+2}{C}$ 可失电子变为 $\overset{+4}{C}$ ④ CO 分子中 $\overset{+2}{C}$ 可得电子变为 $\overset{0}{C}$

四、计算题

1. 已知 $NH_3+CO_2+H_2O+NaCl = NaHCO_3+NH_4Cl$

$$2NaHCO_3 \xlongequal{\triangle} Na_2CO_3+CO_2\uparrow+H_2O$$

现有含 NaCl 80%（质量分数）的原盐 200t，用于生产 Na_2CO_3，如原盐利用率 70%，问能生产纯度为 99%（质量分数）的 Na_2CO_3 多少吨？（提示：调整反应式分子前系数，然后两个反应方程式相加得 $2NH_3+CO_2+H_2O+2NaCl = Na_2CO_3+2NH_4Cl$）

2. 煅烧 200g 石灰石制得 78g CO_2，求石灰石的纯度。

五、完成下列各步反应

$$\begin{array}{l} \quad NaHCO_3 \\ ①\swarrow \quad ④\uparrow \\ Na_2CO_3 \underset{③}{\overset{②}{\rightleftharpoons}} CO_2 \underset{⑥}{\overset{⑤}{\rightleftharpoons}} CaCO_3 \xrightarrow{⑦} Ca(HCO_3)_2 \end{array}$$

第三节　硅、锗、锡、铅及其化合物

一、填空题

1. SiO_2 是酸性氧化物，但不溶于________。

2. 铅有两种价态，+4 价的铅具有________性，+2 价的铅具有________性。

3. 分子筛能筛选________，所以称分子筛。

4. 铅蓄电池充电、放电的化学反应式如下：

$$Pb+PbO_2+4H^++2SO_4^{2-} \underset{(\ \ )}{\overset{(\ \ )}{\rightleftharpoons}} 2PbSO_4+2H_2O$$

二、判断题（正确的在题后括号内画"√"，错误的画"×"）

1. 硅、锗、锡、铅都是金属。（　　）

2. SiO_2+H_2O ══ H_2SiO_3。（　　）

3. 为防止锡制品被空气氧化，最好把锡制品放在 0℃以下温度保管。（　　）

三、选择题（每题只有一个正确答案，将正确答案的序号填在题后的括号内）

1. 下列各组物质不属于同素异形体的是（　　）。

① 金刚石与石墨　② 白磷与红磷　③ 臭氧与氧气　④ 碳酸盐与碳酸氢盐

2. 镀锡的铁叫马口铁，如在破处发生电化学腐蚀，被腐蚀的是（　　）。

① 锡　② 铁　③ 同时被腐蚀

四、计算题

1. 已知　SiO_2+2C ══ $Si+2CO\uparrow$，现有 96g SiO_2 和 36g C 经反应可制得多少克 Si 和多少升 CO（标准状态）？

2. 某元素 R 的二氧化物中氧占 53.4% (质量分数)，求 R 的相对原子质量，并指明元素名称。

第十四章　几种常见的金属元素及其化合物

第一、二节　金属的通性　铝及其化合物

一、填空题

1. 金属分有色金属和黑色金属两大类，黑色金属主要指___________、__________、________和它们的________，________的金属均为有色金属。

2. 金属具有导热性、导电性和延展性，这些都与金属晶体中存在________有关。

3. 按金属活泼性的相对大小依次排列的表叫金属活动顺序表：K、__________、Na、________、Al、________、Zn、Fe、Ni、Sn、__________、__________、Cu、_________、________、Pt、Au。

二、判断题（正确的在题后括号内画"√"，错误的画"×"）

1. 金属与稀酸反应都能生成氢气。（　　）

2. 所有的金属都是有光泽的固体。（　　）

3. 合金只能由几种不同的金属组成。（　　）

4. 铝是较活泼的金属，只能与稀酸反应生成氢气。（　　）

三、选择题（每题只有一个正确答案，将正确答案的序号填在题后的括号内）

1. 下列金属不能与稀酸反应生成氢气的是（　　）。

① Al　② Fe　③ Mn　④ Cu

2. 不属于金属都具有的性质是（　　）。

① 有光泽　② 导电性　③ 导热性　④ 化学活泼性

3. 将铝镁合金溶于稀酸，再加入浓碱 NaOH，产生的沉淀是（　　），留在溶液中的是（　　）。

① $Al(OH)_3\downarrow$　② $Mg(OH)_2\downarrow$　③ $MgCl_2$　④ $AlCl_3$　⑤ $NaAlO_2$

4. 被人们称为人造红宝石的氧化铝晶体中含有微量的氧化物是（　　）。

① 氧化铁　② 氧化铜　③ 氧化铬　④ 氧化镁

四、计算题

有 $AlCl_3$ 和 $MgCl_2$ 混合物 36.2g，溶于水后，配成 500mL 溶液，取出 50mL 加入过量 NaOH，生成白色沉淀，沉淀干燥后质量为 0.58g，求该混合物中两种物质的质量分数。

五、鉴别下列物质，并写出鉴定步骤与化学反应式

现有三种白色固体粉末，分别是 $MgCl_2$、$Mg(OH)_2$ 和 $MgCO_3$，如何能用化学方法来

确定每一物质？

第三节 铜族及其化合物

一、填空题

1. 铜原子的最外层电子构型为________。

2. CuO是一种不溶于水的氧化物，但能与________反应生成盐和水。

3. 完成下列反应式并标出沉淀物的颜色。

① $AgNO_3 + NaCl =\!=\!=$ ________________

② $AgNO_3 + NaI =\!=\!=$ ________________

③ $AgNO_3 + NaBr =\!=\!=$ ________________

二、判断题（正确的在题后括号内画"√"，错误的画"×"）

1. $CuO + H_2O =\!=\!= Cu(OH)_2$（　　）

2. 硝酸银易分解，必须保存在棕色玻璃瓶内。（　　）

三、选择题（每题只有一个正确答案，将正确答案的序号填在题后的括号内）

1. 指出下列物质能发生反应的是（　　），不能发生反应的是（　　）。

① Cu与稀HCl　　② Cu与HNO_3

2. Cu原子的外层电子构型正确的是（　　）。

① $1s^2 2s^2 2p^6 3s^2 3p^6 3d^{10} 4s^1$　　② $1s^2 2s^2 2p^6 3s^2 3p^6 3d^9 4s^2$

四、计算题

现有Cu-Ag合金1g，溶于HNO_3后加入HCl得AgCl沉淀1.04g，求合金中Ag、Cu的质量分数各是多少？

第四节 锌族及其化合物

一、填空题

1. 铝和锌都是两性金属，但二者有区别，锌与氨水能形成________，而铝不能。

2. 汞在常温下是____________，汞除有一般金属的性质外，还能溶解某些金属，形成______，但被溶解的金属仍保持自己原有的________。

3. 汞有毒，如汞被洒落在地面或实验台上，务必要先收集起来，然后用________撒在有汞的地方。

4. 为防止汞的蒸气挥发出来，常在盛有汞的容器上面加一层________。

二、选择题（每题只有一个正确答案，将正确答案的序号填在题后的括号内）

1. 把 $AlCl_3$ 和 $ZnCl_2$ 的混合溶液加入氨水后，产生的沉淀是（　　），留在溶液中的是(　　)。

① $Al(OH)_3\downarrow$　② $Zn(OH)_2\downarrow$　③ $AlCl_3$　④ $[Zn(NH_3)_4](OH)_2$

2. 能把 Al 与 Zn 分开的试剂是（　　）。

① 氨水　② 浓碱 NaOH　③ 硫酸　④ 盐酸

3. 在分析化学中有名的奈斯勒试剂是（　　）。

① AgCl　② $HgCl_2$　③ $K_2[HgI_4]$　④ $Hg(NO_3)_2$

4. 称为甘汞的物质是（　　），称为升汞的物质是（　　）。

① Hg_2Cl_2　② $HgCl_2$　③ HgO　④ $Hg(NO_3)_2$

三、计算题

通过计算说明每生产 1kg $CuSO_4$，分别用 Cu 与 CuO 为原料与硫酸反应，哪种原料能省硫酸？（提示：应计算出每生产 1kg $CuSO_4$，需 H_2SO_4 的用量）

四、完成下列各步反应式

1. $CuCl_2 \xrightarrow{①} Cu$；$Cu \xrightarrow{②} CuO$；$Cu \xrightarrow{③} Cu(NO_3)_2$；$Cu \xrightarrow{④} CuSO_4$；$CuO \xrightarrow{⑤} Cu(NO_3)_2$；$CuO \xrightarrow{⑥} CuSO_4$；$CuSO_4 \xrightarrow{⑦} Cu(OH)_2$；$Cu(OH)_2 \xrightarrow{⑧} CuO$；$Cu(NO_3)_2 \xrightarrow{⑨} Cu(OH)_2$；$Cu(OH)_2 \xrightarrow{⑩} [Cu(NH_3)_4](OH)_2$

2. $Hg \xrightarrow{①} Hg(NO_3)_2 \xrightarrow{②} HgO \xrightarrow{③} Hg$

第五、六节　钒、铬、锰及其化合物　钢铁

一、填空题

1. CrO_4^{2-} 能与某些离子生成有颜色的沉淀，如：

$$Ba^{2+}+CrO_4^{2-} = BaCrO_4\downarrow \text{（　　）色}$$

$$Pb^{2+}+CrO_4^{2-} = PbCrO_4\downarrow \text{（　　）色}$$

$$2Ag^{+}+CrO_4^{2-} = Ag_2CrO_4\downarrow \text{（　　）色}$$

2. $K_2Cr_2O_7$ 和浓 H_2SO_4 的混合液叫________，专洗各种________仪器。

3. $KMnO_4$ 受光照易分解，应放在________玻璃瓶中保存。

4. 生铁是指碳的质量分数在________%以上的铁碳合金。

5. 碳的质量分数在________%以下的铁叫熟铁，在________%～________%的铁叫钢。

6. 炼钢的目的主要降低生铁中________和其他元素（硫、磷等）的含量。

二、判断题（正确的在题后括号内画“√”，错误的画“×”）

1. 在氧化还原反应中，$KMnO_4$ 的氧化性与介质的酸碱性有关。（　　）

2. 性质硬而脆的不易加工的铁叫生铁。（　　）

三、选择题（每题只有一个正确答案，将正确答案的序号填在题后的括号内）

1. 能配洗液的物质是（　　）。

① $K_2Cr_2O_7$ 与 HCl　② HCl 与 HNO_3　③ $K_2Cr_2O_7$ 与 H_2SO_4　④ K_2CrO_4 与 H_2SO_4

2. 下列铁矿石含铁最多的是（　　）。

① FeO　② Fe_2O_3　③ Fe_3O_4

3. 在高温下 Fe 与 O_2 反应得到的是（　　）。

① FeO　② Fe_2O_3　③ Fe_3O_4

四、计算题

1. 取 3.0g $KMnO_4$ 加热分解，在标准状态下得到 0.20L 氧气，求此 $KMnO_4$ 的质量分数。

2. 取 0.5g 钢样，在氧气中灼烧后，得到 0.01g 的 CO_2，求钢样中碳的质量分数。

五、分别写出鉴别 Fe^{2+}、Fe^{3+} 的反应方程式

自 测 题

一、填空题（45 分）

1. 金属越活泼越易________电子，越容易与________金属相化合。

2. 常用铝的容器盛贮和装运________酸。

3. ZnO 是两性________，既能与________反应，又能与________反应。

4. 在氧化还原反应中，$KMnO_4$ 在________性介质中氧化能力最强。

5. 碳的质量分数在 1.7%以上的铁碳合金叫________，碳的质量分数在 0.2%以下的铁叫________，在 0.2%～1.7%的铁叫________。

二、判断题（正确的在题后括号内画“√”，错误的画“×”）（每题 5 分）

1. 金属元素的原子半径一般都比非金属元素的原子半径大。（　）

2. $Al_2O_3+3H_2O═2Al(OH)_3$（　）

3. V_2O_5 的重要用途是生产硫酸的催化剂。（　）

4. 在钢铁工业一般都是先炼钢而后再炼铁。（　）

三、选择题（每题只有一个正确答案，将正确答案的序号填在题后的括号内）（每题 5 分）

1. 在下列反应中，铁在反应产物中为+3 价的是（　）。

① Fe 与 Cl_2 反应　② Fe 与 HCl　③ Fe 与 S 反应　④ Fe 与稀 H_2SO_4 反应

2. 下列四种浓度相同的溶液，其中酸性最强的是（　），碱性最强的是（　）。

① $NaAlO_2$　② $FeCl_3$　③ $CaCl_2$　④ NaCl

3. 铜制品上的铝质铆钉，在潮湿空气中易被腐蚀，其原因是由于（　）。

① 形成原电池，铝作负极　　② 形成原电池，铝作正极

③ 铝比铜化学性质活泼易氧化　　④ 铝的强度不如铜

四、计算题（每题 10 分）

1. 已知 $10FeSO_4+2KMnO_4+8H_2SO_4═5Fe_2(SO_4)_3+2MnSO_4+K_2SO_4+8H_2O$，现有 $FeSO_4 \cdot mH_2O$ 的晶体 2.78g，溶于水后用 H_2SO_4 酸化，然后与 $KMnO_4$ 反应，当完全反应时消耗 $0.1mol \cdot L^{-1}$ 的 $KMnO_4$ 溶液 20.00mL，求 m 值。

2. 现有 1g 纯净的铁的氯化物与足量的 $AgNO_3$ 反应生成 2.26g 的 AgCl 沉淀，问参加反应的氯化物是 $FeCl_3$ 还是 $FeCl_2$？

部分计算题参考答案

第一章

第二节

四、1. 1000mol / 998g　　2. 2mol，245g

第三节

四、1. 44　2. 22g，0.5mol　3. 0.43g，4.82L

第四节

四、1. 98%　2. 766.7m^3　3. 32792kJ

自测题

四、1. 32g·mol^{-1}　2. 98.9%　3. 0.84kg　4. 12g

第二章

第一节

四、1. 44　2. 2.5×10^5Pa

第二节

四、1. $p=1.49\times10^6$Pa　　$p(NH_3)=7.45\times10^5$Pa

$p(O_2)=4.97\times10^5$Pa　　$p(N_2)=2.48\times10^5$Pa

2. $m(H_2)=100.2$g　　$m(N_2)=842$g　　$m(CO_2)=882$g

3. $p(H_2)=1.125\times10^7$Pa　　$p(N_2)=3.75\times10^6$Pa

第三章

第一、二节

四、1. 36%　　2. 21.3%

第三节

四、1. 34g·$(100gH_2O)^{-1}$　　2. 33.74g　　3. 137.5kg

第四节

四、1. 2g　　2. 18.4mol·L^{-1}　　3. 12.5mL　　4. 0.4mol·L^{-1}　　5. 2.7mL

自测题

四、1. 27.2g·$(100gH_2O)^{-1}$　　2. 27mL　　3. 0.08mol·L^{-1}　　4. 88.9%

第四章

第一、二节

四、1. $k=0.1$　　2. 64 倍　　3. 81 倍

4. $v_{SO_2}=0.2$mol·L^{-1}·s^{-1}　$v_{O_2}=0.1$mol·L^{-1}·s^{-1}　$v_{SO_3}=0.2$mol·L^{-1}·s^{-1}

第三节

四、1. $K'_p=8.84\times10^{-3}$　　2. $K_c=1620$，90%

3. $K_c=1.82\times10^{-3}$，H_2：12mol，N_2：4mol

4. 60%　　5. 5.7

第四节

四、1.

[CO]∶[H_2O]	1∶3	1∶4	1∶5
转化率	75%	80%	83.3%

2. 1∶9

自测题

四、1. $v_{H_2}=0.1mol\cdot L^{-1}\cdot s^{-1}$，$v_{N_2}=\frac{0.1}{3}mol\cdot L^{-1}\cdot s^{-1}$，$v_{NH_3}=\frac{0.2}{3}mol\cdot L^{-1}\cdot s^{-1}$

2. $K_c=9.26\times10^{-3}$，H_2：33.3%，N_2：33.3%

3. $K_c=1.62$，[SO_2]：1.9mol·L^{-1}，[O_2]：0.95mol·L^{-1}，[SO_2]：47%

第五章

第一节

四、1. $K_a=4.9\times10^{-10}$

2. $K_a=1.8\times10^{-5}$，$[H^+]=4.24\times10^{-4}mol\cdot L^{-1}$

3. $\alpha=6.7\times10^{-3}$，$[H^+]=2.68\times10^{-3}mol\cdot L^{-1}$

4. $\alpha=6.7\times10^{-3}$，$[OH^-]=2.68\times10^{-3}mol\cdot L^{-1}$

5. $K_b=1.8\times10^{-5}$，$[OH^-]=2.68\times10^{-3}mol\cdot L^{-1}$

第二、三节

四、1. (1) pH=0.5　(2) pH=13.5　(3) $[H^+]=10^{-3}mol\cdot L^{-1}$

(4) $[H^+]=10^{-11}mol\cdot L^{-1}$　2. pH=2.87　3. pH=11.13　4. pH=13

5. pH=4.74

自测题

四、1. pH=5.15　　2. $[H^+]=7.5\times10^{-12}mol\cdot L^{-1}$　　3. pH=1.3

4.

$[H^+]$	pH
	2.87
5.4×10^{-12}	
1	

第六章

第一节

四、

分子式	相对分子质量	K_{sp}表达式	K_{sp}	溶解度	
				/mol·L^{-1}	/g·L^{-1}
AgCl	143.5			1.34×10^{-5}	1.92×10^{-3}
Ag_2CO_3	276	$K_{sp}=[Ag^+]^2[CO_3^{2-}]$	8.2×10^{-12}	1.27×10^{-4}	
$Cu(OH)_2$	97.5	$K_{sp}=[Cu^{2+}][OH^-]^2$	2.2×10^{-20}		1.72×10^{-5}

第二、三节

四、1. $1.8\times10^{-7}mol\cdot L^{-1}$，2. $12\times10^{-5}mol\cdot L^{-1}$

2. $Q_i=2.25\times10^{-7}>K_{sp}$，有沉淀析出

第七章

自测题

六、

项目	原料		产品	
			名称	质量/g
原料用量	NaCl	1000g	氢气(H_2)	17.1
	H_2O	307.7g	氯气(Cl_2)	606.8
			氢氧化钠(NaOH)	683.8
合计		1307.7g	合计	1307.7

第八章

第一节

四、1. ^{10}B：20%，^{11}B：80%　　2. 90　　3. 24.32　　4. 4∶9

第二节

四、

元素名称	质子数	中子数	电子数	相对原子质量
Mg(镁)	12	12	12	24

第四节

四、1. 16，氧　　2. 39，钾

第五、六节

四、14，氮

第七节

四、31，磷

自测题

五、1. $^{79}_{35}X$ 和 $^{81}_{35}X$ 各占 50%　　2. 23，钠

第九章

第二节

四、1. MnO_2：0.87g，盐酸：4.56g　　2. 400mL

第三节

三、1. 4g，0.2mol　　2. 80g

第十章

第一、二节

四、1. 2.55∶4.88　　2. 0.29L

第三节

四、1. Na_2CO_3：39%，$NaHCO_3$：61%

2. $NaHCO_3$：23.2%，Na_2CO_3：76.8%

自测题

四、CaO：56kg，CO_2：22.4m^3

第十一章

第一、 二节

四、1. O_3：6.9%，O_2：93.1%　　2. H_2O_2：2%

第三、 四节

五、1. 32%　　2. H_2SO_4：0.5mol，HCl：4mol

第十二章

第一、 二节

四、1. 20.6t　　2. 21%，11.4$mol \cdot L^{-1}$

第三、 四节

四、1. 12g，8g，4g　　2. 0.07$mol \cdot L^{-1}$

第十三章

第一、 二节

四、1. 102.5t　　2. 88.6%

第三节

四、1. Si：42g，CO：67.2L　　2. 28，硅（Si）

第十四章

第一、 二节

四、$MgCl_2$：26%，$AlCl_3$：74%

第三节

四、Ag：78.2%，Cu：21.8%

第四节

三、以 Cu 为原料生产 1kg $CuSO_4$ 需 H_2SO_4 1.23kg，若以 CuO 为原料则需 0.615kg，所以用 CuO 可节省 H_2SO_4 用量。

第五、 六节

四、1. 94%　　2. 0.55%

自测题

四、1. $m=7$　　2. $FeCl_2$

ISBN 978-7-122-14530-7

定价：39.80元